电器原理及控制

张文义　刘宏达　张　强　主编

科学出版社

北京

内 容 简 介

本书共 7 章，主要介绍了电器中关于发热与电动力、电接触与电弧、电磁机构等的相关理论，还介绍了低压电器中的主令电器、控制继电器、接触器、刀开关、熔断器、断路器，以及高压电器中的断路器、隔离开关、熔断器等的基本结构、工作原理、主要技术参数与设计选用方法，同时，还介绍了电器控制线路的相关知识。读者通过本书的学习能够对电器的基本理论、典型电器产品的基本结构和工作原理以及电器控制线路的设计与应用等有较深入的了解。

本书可作为高等学校电气类专业的本科生教材，也可供从事高低压电器设计、制造和电器控制线路设计方面工作的工程技术人员参考。

图书在版编目（CIP）数据

电器原理及控制 / 张文义，刘宏达，张强主编. —北京：科学出版社，2022.2
ISBN 978-7-03-071388-9

Ⅰ. ①电⋯　Ⅱ. ①张⋯②刘⋯③张⋯　Ⅲ. ①电器学-高等学校-教材　Ⅳ. ①TM501

中国版本图书馆 CIP 数据核字（2022）第 020820 号

责任编辑：余　江　陈　琪 / 责任校对：樊雅琼
责任印制：张　伟 / 封面设计：迷底书装

科学出版社 出版
北京东黄城根北街 16 号
邮政编码：100717
http://www.sciencep.com

北京九州迅驰传媒文化有限公司 印刷
科学出版社发行　各地新华书店经销

＊

2022 年 2 月第　一　版　　开本：787×1092　1/16
2023 年 1 月第二次印刷　　印张：12 3/4
字数：302 000
定价：59.00 元
（如有印装质量问题，我社负责调换）

前　言

为适应高等学校教学改革的要求以及满足加强基础理论、拓宽知识面、实行模块式教学的需要，电气工程及其自动化专业非电器方向的本科生有必要学习涵盖电器主要内容、理论联系实际的电器类专业课。为满足这种需要，作者编写了本书来拓展电器控制的内容。

本书旨在使学生了解电器中电流的热效应和电动力效应及其计算方法、触头在不同工作状态时的电接触和电弧的熄灭原理、电磁机构的原理及其计算方法，掌握高低压电器主要产品的工作原理、结构、选择及应用和电器控制线路的原理及设计方法。通过合理地编排电器理论、高低压电器及其控制系统的相关内容，本书各部分内容成为相互呼应的有机整体，注重教材的准确性和系统性。同时，按照新形态教材的建设模式，将纸质教材和数字资源结合，数字资源对纸质教材进行补充和拓展，使本书内容更加丰富。

本书共 7 章，由张文义、刘宏达和张强主编。其中，第 1～5、7 章和附录由张文义编写，第 6 章由刘宏达编写，数字化资源由张强编写，全书的统稿和校对由张文义完成。

本书可作为高等学校电气类专业的本科生教材，也可供从事高低压电器设计、制造和电器控制线路设计方面工作的工程技术人员参考。

感谢在审稿中给予指导和帮助的付家才教授，同时，感谢吴建强教授提出的宝贵意见。

由于作者水平有限，书中难免存在不妥之处，恳请广大读者批评指正。

作　者

2021 年 12 月

目　　录

主要符号表

A —— 截面积、散热面积

B —— 磁感应强度

B_m —— 最大磁感应强度

B_r —— 剩磁感应强度

B_s —— 饱和磁感应强度

c —— 弹簧刚度、比热容

C —— 电容

d —— 直径

e —— 电子电荷

E —— 电场强度

f —— 频率、电路振荡频率

F —— 力

F_0 —— 触头初压力

F_c —— 斥力

F_f —— 反力

F_j —— 接触压力

F_{pj} —— 平均力

F_x —— 吸力

F_z —— 触头终压力

G —— 电导

H —— 磁场强度

$H_\sim$ —— 交流磁场强度

H_c —— 矫顽磁力

H_- —— 直流磁场强度

I、i —— 电流

$I_\sim$ —— 交流电流

I_0 —— 生弧电流、起始电流

I_c —— 触动电流

I_h、i_h —— 电弧电流

I_k —— 开释电流

I_m —— 正弦电流幅值

I_w —— 稳态电流

I_- —— 直流电流

j —— 电流密度

K_f —— 返回系数

K_T —— 综合散热系数

l —— 长度

m —— 质量、与接触形式有关的指数

n_i —— 电流过载系数

n_P —— 功率过载系数

N —— 匝数

p —— 导体截面周长、压强

P —— 功率

Q —— 热流、热量

r —— 半径

R —— 电阻

R_b —— 束流电阻

R_f —— 膜层电阻

R_h —— 电弧电阻、弧柱电阻

r_h —— 弧柱半径

R_j —— 接触电阻

R_m —— 磁阻

R_T —— 热阻

t —— 时间

T —— 时间常数、热力学温度

t_c —— 触动时间

t_d —— 动作时间

t_f —— 返回运动时间

t_k —— 开释时间

t_{rh} —— 燃弧时间

t_s —— 释放时间

t_{sh} —— 熄弧时间

t_x —— 吸合运动时间

T_h —— 弧柱温度

U、u —— 电压

U_0 —— 生弧电压、近极区压降

U_a—— 近阳极区电压降

U_c—— 近阴极区电压降、电容器端电压

U_f—— 释放电压

U_h、u_h—— 电弧电压

U_{hf}—— 电压恢复强度

U_{if}—— 介质恢复强度

U_m—— 交流电压辐值、磁压降

U_p—— 弧柱电压降

U_δ—— 气隙磁压降

v—— 速度

V—— 体积

W—— 能量

W_M—— 磁能

X—— 电抗

X_M—— 磁抗

Z—— 电阻抗

Z_M—— 磁阻抗

Λ—— 磁导

Λ_δ—— 气隙磁导

Λ_σ—— 漏磁导

Φ—— 磁通

Φ_f—— 释放磁通

Φ_m—— 交变磁通最大值

Φ_x—— 吸合磁通

Φ_δ—— 气隙磁通

Φ_σ—— 漏磁通

α—— 电阻温度系数

δ—— 气隙长度、介质损耗角、恢复电压振幅衰减系数

γ—— 恢复电压振幅系数、密度

φ—— 电压和电流的相角差

λ—— 热导率、单位长度漏磁导

μ—— 磁导率

μ_0—— 真空磁导率

μ_r—— 相对磁导率

θ—— 温度

θ_0—— 周围介质温度

ρ—— 电阻率

σ—— 漏磁系数

τ—— 温升、电弧时间常数

τ_s—— 稳态温升

ψ—— 磁链

第1章 绪 论

1.1 电器的定义、用途与分类

电器是指能够根据外界指定信号或要求，自动或手动地接通和分断电路，断续或连续地改变电路参数，以实现对电路或非电量对象的切换、控制、保护、检测、变换和调节用的电工器件。

电器具有以下用途。

(1) 对电力系统或者电路实行通、断操作转换和电路参数变换。

(2) 对电动机实行启动、停止、正转、反转、调速，完成控制任务。

(3) 对电路负载进行过载、短路、过电压、欠电压、断相、三相负载不平衡、接地等保护。

(4) 在电路中传递、变换、放大电的或非电的信号，实现自动检测和参数自动调节的功能。

电器是电气化和自动化的基本元件。电器元件与电器成套装置是发电厂、电力网、工矿企业、农林牧副渔业和交通运输业以及国防军事等方面的重要技术装备。电器在电力输配电系统、电力传动和自动控制设备中起着重要作用。据估计，每新增 10^4kW 的发电容量，就需要大小高压电器 500～600 件，以及各种低压电器 6 万件左右。

电器有以下各种分类方法。

(1) 按电器在电路中所处的地位和作用分类。

① 配电电器。用于电力系统中，例如，刀开关、熔断器、断路器等。对这类电器的主要技术要求是通断能力强、限流效果好、电动稳定性和热稳定性高、操作过电压低、保护性能完善等。

② 控制电器。用于电力拖动自动控制系统中，例如，主令电器、继电器、接触器等。对这类电器的主要技术要求是有一定通断能力、操作频率高、电气寿命和机械寿命长等。

③ 弱电电器。用于自动化通信中，例如，微型继电器、舌簧管、磁性或晶体管逻辑元件等。对这类电器的主要技术要求是动作时间快、灵敏度高、抗干扰能力强、特性误差小、寿命长、工作可靠等。

(2) 按电压高低、结构和工艺特点分类。

① 高压电器。额定电压 3kV 及以上的电器，例如，高压断路器、隔离开关、接地开关、高压负荷开关、高压熔断器、避雷器、电抗器等。

② 低压电器。额定电压为交流 1200V 及以下、直流 1500V 及以下的电器，例如，主令电器、继电器、低压接触器、刀开关、低压熔断器、低压断路器等。

③ 自动电磁元件。例如，微型继电器、逻辑元件等。

④ 成套电器和自动化成套装置。例如，高压开关柜、低压开关柜、电力用自动化继电保护屏、可编程序控制器、半导体逻辑控制装置、无触头自动化成套装置等。

(3) 按操作方式分类。

① 手动电器。电器的动作是由外界作用力，特别是依靠人工完成的，例如，主令电器、刀开关等。

② 自动电器。电器的动作是由该电器自身通过给定的指令并在特定的驱动能的作用下完成的，例如，接触器、断路器等。

(4) 按电器的使用场合及工作条件分类。

① 一般工业用电器。适用于大部分工业环境，无特殊要求的电器。

② 船舶电器。适用于船舶而派生的电器，此类电器应具备在潮湿、盐雾环境下可靠工作的能力。

③ 航空及航天电器。适用于航空及航天而派生的电器，此类电器应具备在低气压环境下可靠工作的能力。

④ 矿用及化工用防爆电器。适用于矿山、化工等特殊环境而派生的电器，此类电器应具备良好的防爆功能。

⑤ 农用电器。适用于农村环境而派生的电器，此类电器应具备在农村环境下可靠工作的能力。

⑥ 热带电器。适用于热带、亚热带地区而派生的电器，此类电器应具备在高温环境下可靠工作的能力。

⑦ 高原电器。适用于高原山区而派生的电器，此类电器应具备在高海拔环境下可靠工作的能力。

⑧ 牵引电器。适用于电气铁道等的牵引而派生的电器，此类电器应具备在倾斜、冲击环境下可靠工作的能力。

(5) 按电器执行功能分类。

① 有触头电器。电器通断电路的执行功能由触头来实现的电器，例如，接触器、断路器等。其特点是有弧通断电路、接触电阻小、绝缘电阻大、通断能力强等。

② 无触头电器。电器通断电路的执行功能不是由触头来实现，而是根据开关元件输出信号的高低电平来实现，例如，饱和电抗器、晶闸管接触器及晶闸管启动器等。其特点是无弧通断电路、动作时间快、电气寿命及机械寿命长、无噪声等。无触头电器目前还不能完全切断电流，不像有触头电器那样对电源起隔离作用。

③ 混合式电器。它是无触头与有触头互相结合、相辅相成的电器新品种，有着广阔的发展前途，例如，低压断路器采用半导体脱扣器，高压断路器应用微型计算机控制智能断路器等。

有触头电器的主要问题是通断过程存在电弧和磨损、电气和机械寿命短；而无触头电器的主要问题是闭合时压降大和发热温升高，断开时绝缘电阻小和耐电压能力差。如果通断过程由晶闸管无弧转换来完成，而闭合状态和断开状态由触头来实现，就可以取长补短，提高电器性能。

电器与电子器件相结合还可以构成电子电器和智能电器。

1.2 电器在电力系统和电器控制系统中的作用

由发电厂、电力网及电能用户组成的系统称为电力系统，由按钮、接触器、继电器等组成的系统称为电器控制系统。为说明电器在电力系统和电器控制系统中的作用，下面介绍几种典型的电气线路。

图 1-1 是高压电网线路图。发电机 G_1 和 G_2 发出的电力经过断路器 QF、电流互感器 TA 和隔离开关 QS 输送到 10kV 的母线上。该母线经过隔离开关 QS 和熔断器 FU 接到电压互感器 TV，或经过隔离开关 QS、断路器 QF 和电抗器 L 接到附近的电力传输线路。另外，10kV 母线还经过隔离开关 QS、断路器 QF 及电流互感器 TA 接到升压变压器 TU，后者又经过断路器 QF 及其两端的隔离开关 QS 接到 220kV 母线上。与该母线连接的有：与熔断器 FU 串联的电压互感器 TV、通向电力传输线路的断路器 QF 和接在这些线路中的电流互感器 TA。所有这些线路都通过隔离开关 QS 接到 220kV 母线上。另外，220kV 母线还经过隔离开关 QS 接到避雷器 F。

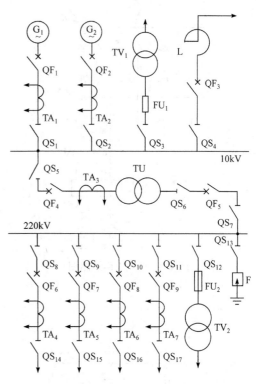

图 1-1 高压电网线路图

断路器 QF 的作用是在电力系统的正常工作条件和故障条件下接通与分断电路。熔断器 FU 的作用是为线路及其中的设备提供过载和短路保护。隔离开关 QS 的作用是在母线与其他高压电器之间建立必要的绝缘间隙，以保障维修时的人身安全。避雷器 F 的作用是为高压线路提供过电压保护。电抗器 L 的作用是限制短路电流，以减轻断路器 QF 等的工作，并在出现短路故障时使母线电压能维持一定的水平。电压互感器 TV 和电流互感器 TA 的作用是将高压侧的电压和电流变换为与它们成正比的低电压和小电流，便于安全测量，并为继电保护装置和自动控制线路提供信号。

图 1-2 是低压电网线路图。高压电网输送来的电力经降压变压器 TD 变换为低压后，通过隔离开关 QS_1 和断路器 QF_1 送到中央配电盘母线上，这段线路称为主线路，电能由此或经过隔离开关 QS_2(或 QS_4)和断路器 QF_2(或 QF_3)接到动力配电盘母线，或经过隔离开关 QS_3 和熔断器 FU_1 直接接到负载。两级母线之间的线路称为分支线路，接向负载的线路称为馈电线路。一条馈电线路经过熔断器 FU_2、接触器 KM_1 和热继电器 FR_1 接到负载 M_1；另一条馈电线路经过断路器 QF_4、接触器 KM_2 和热继电器 FR_2 接到负载 M_2。断路器 QF 是一种多

功能的保护电器，当线路出现过载、短路、失压或欠压故障时，能自动切断故障线路。隔离开关 QS 用于维修线路时隔离电源，可以保证维修时非故障线路的安全进行。接触器 KM 用于正常工作条件下频繁地接通或分断线路，但不能分断短路电流。熔断器 FU 主要用于过载及短路保护，热继电器 FR 主要用于电动机的过载保护。

低压电网线路中还要使用其他种类的电器，如各种控制继电器、主令电器、启动器及调节器等。它们在线路中起着不同的作用，以满足不同的要求。

图 1-3 是三相鼠笼型异步电动机直接启动控制线路图。由三相交流电源经隔离开关 QS、熔断器 FU、接触器 KM 的动合主触头、热继电器 FR 的热元件接到异步电动机 M 定子绕组的电路称为主电路。由按钮 SB$_1$(动断按钮)、SB$_2$(动合按钮)、接触器 KM 的线圈及其动合辅助触头、热继电器 FR 的动断触头组成的电路称为控制电路。

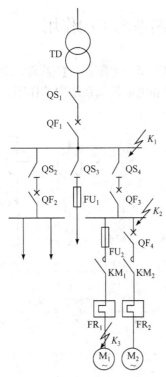

图 1-2　低压电网线路图

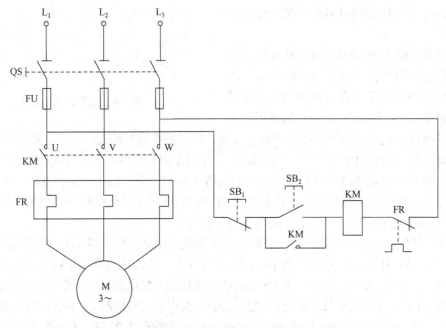

图 1-3　三相鼠笼型异步电动机直接启动控制线路图

启动时，首先合上隔离开关 QS，引入电源。按下启动按钮 SB$_2$，接触器 KM 的线圈接通电源，接触器 KM 的衔铁吸合，三对主触头闭合，异步电动机 M 启动运转。与此同时，并联在按钮 SB₂ 两端的接触器 KM 的辅助触头也闭合。这样，当手松开而按钮 SB₂ 自动复位后，接触器 KM 的线圈也不会断电，所以，称此动合辅助触头为自锁触头。若要异步电动机 M 停止运转，则需按下停止按钮 SB₁，控制电路断电，接触器 KM 的线圈失电，接触器 KM 的衔铁打开，主触头即断开，异步电动机 M 停止运行。

这种电路具有自锁功能，同时具有失压保护和过载保护的功能。

(1) 失压保护。异步电动机 M 运行时，如果遇到电源临时停电，在恢复供电时，未加防范措施而让电动机自行启动，很容易造成设备或人身事故。采用自锁控制电路，由于自锁触头和主触头在停电时一起断开，控制电路和主电路都不会自行通电，因此，在恢复供电后，不按下启动按钮 SB₂，异步电动机 M 就不会自行启动。

(2) 过载保护。异步电动机 M 在运行过程中，由于过载、操作频繁、断相运行等原因使电动机电流超过额定值，将引起异步电动机 M 过热。串接在主电路中的热继电器 FR 的热元件因受热而弯曲，产生推力，使串联在控制电路中的热继电器 FR 的动断触头断开，切断控制电路，接触器 KM 的线圈断电、主触头断开，异步电动机 M 停转。

热继电器 FR 的热元件有热惯性，即使通过它的电流超过额定值的几倍，也不会产生瞬时动作。因此，它仅能作为过载保护使用，对于异步电动机 M 的短路保护，要靠熔断器 FU 来完成。

以上简单介绍了高低压电器在电力系统和电器控制系统中的作用，可以对电器功能及其与电力系统和电器控制系统的联系有初步概念。

随着工业自动化及农业机械化程度的不断提高，电器的使用范围日益扩大，对品种、产量及质量的要求日益提高，电器制造业已成为国民经济建设中重要的一环。

1.3 电力系统和电器控制系统对电器的要求及电器的正常工作条件

不同的电力系统和电器控制系统对工作于其中的电器有不同的要求，这些要求又决定了电器的主要参数。下面对一些共同性的要求进行叙述。

1. 电力系统和电器控制系统对电器的要求

(1) 安全可靠的绝缘。电器应能长期耐受最高工作电压和短时耐受相应的大气过电压和操作过电压。在这些电压的作用下，电器在触头断口间、相间以及导电回路与地之间都不应发生闪络或击穿。表征电器绝缘性能的参数有额定电压、最高工作电压、工频试验电压和冲击试验电压等。

(2) 必要的载流能力。电器的载流件应允许长期通过额定电流，而其各部分的温升不超过标准规定的极限值，同时，还应允许短时通过故障电流，不会因其热效应使温度超过标准规定的极限值，又不会因其电动力效应遭到机械损伤。表征电器载流能力的参数有额定电流、热稳定电流和电动稳定电流等。

(3) 较高的通断能力。除隔离开关外，一般的开关电器都应能可靠地接通和分断额定电流及一定倍数的过载电流。其中，断路器还应能可靠地接通和分断短路电流，有的还要求能满足重合闸的要求。经过这些操作后，触头和其他零部件都不应损坏，并能可靠地保持在接通或分断的位置上，且不发生熔焊及误动作等现象。表征电器通断能力的参数有接通电流、分断电流和通断电流等。

(4) 良好的机械性能。电器的运动部件的特性必须符合要求，其同相触头的断口以及异相触头的断口在分合时应满足同期性的要求。另外，整个电器的零部件经规定次数的机械操作后应不损坏，且无需更换，即有一定的机械寿命。

(5) 必要的电气寿命。开关电器的触头在规定的条件下应能承受规定次数的通断循环而无需修理或更换零件，即具有一定的电气寿命。

(6) 完善的保护功能。保护电器以及具备某些保护功能的电器，必须能准确地检测出故障状况，及时地做出判断并可靠地切除故障。对于本身不具备保护功能但具有切断故障电路能力的电器，在从保护继电器取得信号后，也应能及时而可靠地切除故障。同时，为了充分利用各种电气设备的过载能力、缩小故障范围及保障供电的连续性，各类电器的保护功能还应能相互协调配合、实行有选择性地分断。

2. 电器的正常工作条件

(1) 周围环境温度。该温度对电器的工作影响很大。温度过低，作为电介质和润滑剂的各种油的黏度将上升，影响电器的正常动作和某些电气性能。温度过高，将使电器的载流能力降低，导致密封胶渗漏等。因此，对电器的周围环境温度必须在标准中加以限定。例如，高压电器的使用环境温度户外型为–30～+40℃，户内型为–5～+40℃；低压电器的使用环境温度为–5～+40℃，而且日平均值不超过+35℃。如果实际使用环境温度超过该范围，就必须按照标准或技术文件的规定采取相应措施，例如，减小负载电流和提高耐压试验电压。

(2) 海拔高度。高海拔地区大气压低，使散热能力和耐压水平都降低。但随着海拔高度的升高，环境温度也会降低一些，所以，海拔高度主要影响耐压水平及灭弧能力。根据我国地形和工业布局的情况，高压电器使用环境的海拔高度为 1000m，低压电器为 2000m。如果实际运行地点的海拔高度超过上述规定值，那么，应适当提高耐压试验电压和降低容量。

(3) 相对湿度。相对湿度高会导致电器产品中的金属零件锈蚀、绝缘件受潮以及涂覆层脱落，其后果是使电器绝缘水平降低和妨碍电器的正常动作。因此，标准中对电器工作环境的相对湿度做了限制，而且在超出限制范围时应采取相应的工艺措施。

(4) 其他条件。影响电器工作的其他条件还有污染等级、振动、介质中是否含易燃易爆气体以及是否有风霜雨雪等天气条件。

在选择和使用各种电器时，只有了解其正常工作条件后，才能保证其安全可靠地运行。

1.4   电器研究的主要理论

电器在运行时存在着电、磁、光、热、力、机械等多种能量转换，这些转换规律大多是非线性的，许多现象又是一种瞬态过程，因此，电器的理论分析、产品设计、性能检验极为复杂。在分析与设计电器产品时，除采用电器传统理论，即对发热理论、电动力理论、电接触理论、电弧理论、电磁机构理论等进行必要的理论推导、分析计算之外，还使用了大量的经验数据。即使这样，有时设计计算数据与产品实际性能仍然存在较大差异，需要反复修改和试验，导致开发周期长、资金投入大，要设计出性能优良、价格合理的电器产品十分困难。同时，电网容量的不断增大及控制要求的不断提高，配电与控制系统日益复杂化，对电器产品的性能与结构提出了更高的要求。另外，科学技术的进步和新技术、新材料、新工艺的不断出现给电器的发展提供了良好的发展空间。

因此，掌握电器的结构原理及设计计算需要广泛的知识和相应的理论基础。作为一个学科，电器的主要理论有以下五个方面。

(1) 发热理论。

电器的导电部件，例如，触头、母线和线圈，都有电阻，因此，都有损耗。此外，交流铁心有涡流磁滞损耗，在高电场下有介质损耗。这些损耗都是热源，由它们形成的温度场有时是很复杂的。在大电流情况下，不仅产生巨大的热效应，还产生巨大的磁效应，使交流导电部件内部电流线分布不均匀，相邻的交流母线在各自导体上的电流线分布不均匀，这就是集肤效应和邻近效应。一般来讲，由于存在集肤效应和邻近效应，载流体产生附加损耗，影响发热温升，从而降低了它的允许载流量。

为了提高电器的工作可靠性和确定过载能力，有必要研究电器在长期、短时和反复短时工作制下的发热冷却过程和过载能力计算，还要研究导电部件在大电流作用极短时间(例如，导线上存在短路电流)的情况下，电器的发热温升计算，校验导体在短时温升下的可靠程度(即热稳定性)。采用热路计算方法对电器进行热分析，通过经验参数、实验校准等手段修正，可以了解电器在工作中的温升情况。

(2) 电动力理论。

对各种不同几何形状的载流体在不同的空间和平面位置上进行电动力的分析和计算，也是电器理论的研究内容之一。众所周知，短路电流通过载流体所产生的强大的电动力往往使载流体本身或载流体支持件变形甚至破损，这就是对电器提出的电动稳定性要求的依据，通过计算和分析避免这种损害。在电器中，电动力并不都是有害因素，合理改变导体结构，利用电动力进行吹弧或利用电动力进行快速分断的情况得到越来越多的应用。

(3) 电接触理论。

触头是电器的执行部分，是有触头开关电器的重要组成部分。触头工作的好坏直接影响开关电器的质量和特性指标。

电接触理论主要包括电接触的物理-化学过程及其热、电、磁和金属变形等各种效应，接触电阻的物理化学本质及其计算，接触和离开过程中触头的腐蚀、磨损和金属迁移，触头在闭合操作过程中的振动、磨损和熔焊等。研究接触电阻中束流电阻和膜层电阻的理论和计算有助于分析接触电阻的各种因素，有助于正确选择触头结构材料和结构参数(触头的压力、超程等)，有助于触头的使用和维护。触头包含熔焊和冷焊现象，前者是在电弧或电火花作用下，触头局部金属斑点熔融黏焊，后者是由分子黏附力引起的黏结。对熔焊的消除，必须和电弧问题联系综合解决，而对冷焊的消除，主要从触头材料和加工工艺方面解决。

(4) 电弧理论。

电弧是有触点开关电器在分断过程中必然产生的物理现象。开关电器触头上电弧的存在不仅延缓了电路开断的时间，而且还灼伤触头表面，使其工作不可靠并缩短使用期限。另一方面，触头上的电弧也是电路中电磁能泄放的场所，由此可减轻电路开断时的过电压；在限流式断路器中，开关电弧还可以起到限流作用。但总的来讲，电弧在开关电器中是弊多利少的，因此，电器工作者研究电弧的主要目的在于熄灭电弧。

电器中电弧理论的内容很广泛。触头分离时如何引弧，气体放电和击穿的物理过程，火花放电、辉光放电和弧光放电的界限和过程，电离和激励的概念，这些均为电弧的物理基础。电离的同时存在消电离的物理过程，弧柱中离子平衡的物理化学状态，电弧的直径、温度分布，电弧的弧根和斑点，电弧的等离子流，电弧的电位梯度，这些均为弧柱方面的理论。对于近极区，则有阴极正空间电荷、阳极负空间电荷、阴极压降和阳极压降方面的理论。

(5) 电磁机构理论。

电磁机构是自动化电磁电器的感测部分，在电器中占有十分重要的位置。它的理论基础不仅仅是磁路和电磁场，并且是电磁-力-运动的综合理论。电器中电磁铁或电磁装置的结构形式很多，既不同于变压器的静止铁心，又不同于旋转电机不变的均匀磁气隙，而是一种具有可动铁心和可变气隙的电磁装置，在理论计算方面有自己的特殊规律。电磁机构计算内容主要是正确描绘电磁场的分布和正确处理带铁心电路的非线性，围绕电磁力计算这个中心任务，研究它的静态吸力特性和动态吸力特性，计算电磁-力-运动综合的过渡过程，确定各项电磁参数和电磁机构的动作时间。因此，必须深入研究可动铁心与静止铁心之间各种形状的气隙磁通分布与磁导计算，研究气隙磁通与漏磁通的分布规律，研究气隙磁位与铁心磁位的分配关系，这些均为交流和直流电磁机构的共同问题。由于磁场的分布性和铁心磁路的非线性，因此，电磁机构中的电磁计算十分复杂。

上面介绍的发热理论、电动力理论、电接触理论、电弧理论和电磁机构理论均为电器研究的主要理论。此外，电器的理论中还包括机构运动学、电器运动部件的阻尼消振理论等。

随着电器技术的发展，作为有触头电器的理论基础，电器的理论还在不断地充实、更新、完善和发展中。

1.5　电器技术的发展过程和国内外电器工业发展概况

1. 电器技术的发展过程

电器的产生和发展与电的发现和广泛使用分不开，强电领域和弱电领域都需要电器。从强电领域看，根据电器所控制的对象有电网系统和电力拖动自动控制系统两大方面。电器技术的发展经历了从手动控制到自动控制的过程、从低压到高压的过程、从单功能到多功能的过程、从有触头开关到无触头开关和混合式开关的过程、从单个电器到组合电器的过程、从普通开关到智能开关的过程，接下来还将会进入智能开关到人工智能开关的过程。

从手动控制到自动控制是电器控制的一次飞跃；从低压到高压是电器技术随生产实际循序渐进发展的一次飞跃；从静态设计到动态设计是电器设计的一次飞跃。静特性无法准确反映电器在工作过程中的实际特性，而动态特性则描述电器实际的工作过程与状态变化。分析动态特性能揭示在不同时刻点上各参量间的关系，表明各参量随时间的变化规律，建立优化动态数学模型。掌握电器的动态特性，可以更好地设计出体积小、质量小、成本低、价格合理、工作可靠、性能优良的电器产品。

由于生产效率的不断提高，对控制电器提出了新的要求，例如，动作时间长、操作频率高、电气与机械寿命长、转换能力强、工作可靠和维护方便等，因此，无触头电器和混合式电器便应运而生。有触头电器执行机能强而感测机能弱，无触头电器则相反，混合式电器则可以取长补短。

2. 国内外电器工业发展概况

20 世纪 50 年代以前，我国电器工业十分薄弱，只能制造小型低压电器(如刀开关及熔断器)以及小型户内式高压断路器等，只用它们还不能配齐起码的发电厂与变电所或普通机床所需的电器设备。

20 世纪 50 年代以后，我国电器工业迅速发展，在产品、标准及检测等方面已形成比较完整的体系，产品品种、技术性能、产品质量及生产能力等方面基本满足国民经济发展的需要。

低压电器方面，我国在 20 世纪 60 年代和 80 年代分别完成了第一代和第二代产品的研发及生产。20 世纪 90 年代初，我国开始研发第三代产品，部分产品性能已达到国际同类产品水平。这批产品从 20 世纪末开始推广，目前已形成批量生产能力，使国产低压电器总体水平达到国外 20 世纪 90 年代水平。

进入 21 世纪后，随着微处理器在低压电器中大量应用，低压电器智能化、网络化、可通信已成为国内外新一代产品的主要特征之一。

国外低压电器厂从 20 世纪末到 21 世纪初相继推出了新一代低压电器产品，这批产品以新技术、新材料和新工艺为支撑，在产品性能、结构、小型化、智能化和环保节能等方面都有重大突破。我国也在研发第四代低压电器产品，已于 2009 年完成第一批 4 个项目的研发工作。第四代低压电器产品具有高性能、小型化、智能化、网络化和可通信等特点；在产品结构上也有所创新，模块化程度进一步提高；在可靠性、安装方式多样化、工艺性及环保节能等方面也有所提高。

高压电器方面，我国生产的 500kV 及以下各电压等级的各类高压电器系列化产品已能基本满足电力系统及国民经济各方面的需要。在高压断路器产品中，SF_6 断路器及其成套组合电器(简称 GIS)在 66~500kV 电压等级中已占 99%份额；在 35kV 及以下电压等级中真空断路器占优势，也有少部分 SF_6 断路器；油断路器已基本退出生产领域，其产量仅占高压交流断路器年产量的 1%以下，我国已基本实现了高压开关设备的无油化。

　　随着电力工业的高速发展，国内外均在建设 750kV 及 1000kV 的高压输电线路，因此，对高压电器的研发和生产提出了更高的要求，目前国内外均在研发额定电压高、容量大、可靠性高、智能化、少(免)维护和节能环保的超高压电器新产品。我国已研制出 800kV 的 SF_6 断路器，1100kV 的 SF_6 断路器及其 GIS 也在研制中。我国高压电器行业整体技术水平正在全面提升。

第2章 电器的发热与电动力理论

电器的载流系统,在工作中伴随着热效应和电动力效应,在正常工作条件下这两种效应不会影响电器的正常运行。如果遇到短路故障,不论是热效应还是电动力效应都可能破坏电器的工作,损坏电器,甚至引起灾害性事故。本章主要讨论电器的热源、温升、散热、发热计算、短路时的发热、热稳定性,同时还讨论电器电动力的成因、电动力计算、交流电路和短路电流下的电动力、电动稳定性。

2.1 电器发热的基本概念

2.1.1 电器的热源

如果电器中的载流系统通过直流电流,那么,电器的唯一热源是载流体(包括金属和非金属导体、电接触以及分断电路时产生的电弧)中的能量损耗。如果载流系统通过交变电流,那么,在交变电磁场作用下,铁磁体中产生的铁损(包括磁滞损耗和涡流损耗)以及在绝缘体内产生的电介质损耗也是电器的热源。此外,机械摩擦和碰撞等产生的热能也是电器的热源,但它们产生的热能较少,一般可以忽略。其中,载流体中的能量损耗、铁损和电介质损耗称为电器的基本热源。

1. 导体通过电流时的能量损耗

电流通过导体所产生的能量损耗称为电阻损耗(或称焦耳损耗),在直流和交流系统中这个损耗都存在。根据焦耳定律,当导体通过电流 I 时,其中的能量损耗 W 为

$$W = \int_0^t I^2 R \mathrm{d}t \tag{2-1}$$

式中,R 为导体电阻;t 为通电时间。

式(2-1)既适用于直流,也适用于交流(将 I 理解为交流的有效值)。当导体的横截面积和温度为恒值,即电流值和电阻值均不变时,式(2-1)将变为

$$W = I^2 R t \tag{2-2}$$

在直流情况下,导线的电阻为

$$R = \frac{\rho l}{A}$$

式中,A 为导线的横截面积;l 为导线的长度;ρ 为导线材料的电阻率,它是温度的函数,即

$$\rho = \rho_0 (1 + \alpha\theta + \beta\theta^2 + \gamma\theta^3 + \cdots)$$

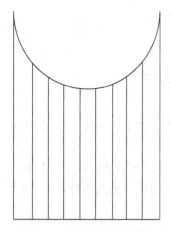

图 2-1　集肤效应对电流分布
的影响

式中，ρ_0 为导线材料在 0℃时的电阻率；α、β、γ 均为电阻温度系数。

如果在上式中只考虑前两项，那么，对于铜质导线，当 θ 分别为 300℃、200℃及 100℃时，误差分别为 1.8%、0.97%和 0.32%；对于铝质导线，误差分别为 4.2%、2.4%和 0.8%。因此，工程计算中常采用简化式

$$\rho = \rho_0(1 + \alpha\theta)$$

如果电器中的载流系统通过交变电流，那么，由于集肤效应和邻近效应会产生电阻的附加损耗。

在图 2-1 中，一个圆导体内通过交变电流，电流密度在截面内的分布不均匀。越接近导体表面，电流密度值越大，这种现象称为集肤效应，它使导体的有效截面减小，电阻值增大。

在图 2-2 中，构成回路的两相邻导体通过交变电流，其磁场间的相互作用也会使导线截面内的电流密度分布不均匀，这种现象称为邻近效应。

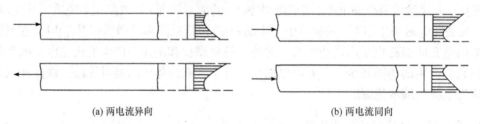

(a) 两电流异向　　　　　　　　　　　　(b) 两电流同向

图 2-2　邻近效应对电流分布的影响

集肤效应与邻近效应的存在使同一导线在通过交变电流(交变电流的有效值与直流电流值相等)时的损耗比通过直流电流时的大，即有了附加损耗。通过交变电流与通过直流电流时产生的损耗之比称为附加损耗系数 K_a，它等于考虑集肤效应影响的系数 K_s 与考虑邻近效应影响的系数 K_n 之积，即

$$K_a = K_s K_n \tag{2-3}$$

集肤效应系数可按下式计算：

$$K_s = \frac{A}{p}\sqrt{\frac{2\pi f \mu}{\rho}}$$

式中，A、p 分别为导线的截面积及其周长；f 为交变电流的频率；ρ、μ 分别为导线材料的电阻率和磁导率。

集肤效应系数 K_s 恒大于 1。邻近效应系数 K_n 与电流的频率、导线间距和截面的形状及尺寸、电流的方向及相位等因素有关，其值也大于 1。但当较薄的矩形母线宽边相对时，邻

近效应部分地补偿了集肤效应的影响，所以，K_n 值略小于 1。

2. 非载流铁磁质零部件的损耗

电器中的载流体有时从非载流铁磁质零部件附近通过，由于铁的磁导率高，磁通将通过非载流铁磁质零部件形成闭合回路。如果导体通过的电流是交流，那么，交变磁通在非载流铁磁质零部件中产生磁滞损耗 P_n 和涡流损耗 P_e，二者合起来称为铁损 P_{Fe}，即

$$P_{Fe} = P_n + P_e \tag{2-4}$$

而

$$P_n = \begin{cases} \sigma_n \left(\dfrac{f}{100} B_m \right)^{1.6} \rho V & (B_m \leqslant 1\text{T}) \\[3mm] \sigma_n \left(\dfrac{f}{100} B_m \right)^2 \rho V & (B_m > 1\text{T}) \end{cases}$$

$$P_e = \sigma_e \left(\frac{f}{100} B_m \right)^2 \rho V$$

式中，f 为电源频率；B_m 为铁磁件中磁感应的幅值；ρ 为铁磁材料的密度；V 为铁磁材料零部件的体积；σ_n、σ_e 为磁滞损耗系数和涡流损耗系数，其值与铁磁材料的品种规格有关。

3. 电介质损耗

在交变电磁场中，绝缘层内将出现电介质损耗 P_d 为

$$P_d = \omega C U^2 \tan \delta \tag{2-5}$$

式中，ω 为电压的角频率；C 为绝缘层的电容；U 为施加在绝缘件上的电压；$\tan\delta$ 为绝缘材料介质损耗角的正切。

$\tan\delta$ 是绝缘材料的重要特性之一，与温度、材料、工艺等有关。$\tan\delta$ 大的材料，电介质损耗也较大。

2.1.2　电器的允许温度和温升

电器设备在正常运行时，长期通过工作电流，其中损耗的能量绝大部分转换为热能，有一部分因加热而使电器升温。

电器各部分的极限允许温升是其极限允许温度与工作环境温度之差。周围环境温度的高低直接影响电器的散热情况。

制定电器各部分极限允许温升的依据是保证电器的绝缘体不会因温度过高而损坏或使工作寿命过分降低；导体和结构部分不致因温度过高而降低其力学性能。

金属载流体的温度超过它的极限值后，机械强度明显降低。因此，发生形变影响电器的正常工作，甚至使电器损坏以致影响其所在系统的工作。另外，与载流体连接或相邻的非载流体也将不同程度地受损。出现短路故障时，这类现象更严重。材料的机械强度开始

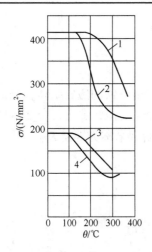

图 2-3　导体材料机械强度与温度的关系
1-加热时间为 10s 时的铜材；2-长期加热时的铜材；
3-加热时间为 10s 时的铝材；4-长期加热时的铝材

明显降低的温度称为材料的软化点，它与材料品种和加热时间有关，加热时间越短，材料达到软化点的温度越高。以铜为例，长期加热时它的软化点是 100～200℃，短暂加热时可达 300℃(图 2-3)。

电器中未绝缘的裸导体的极限允许温度应低于其软化点。温度升高会加剧电器中电接触连接表面与其周围大气中某些气体间的化学反应，使接触面上生成氧化膜及其他膜层，增大接触电阻，并进一步使接触面温度再升高，形成恶性循环。因此，对电接触的温度也必须加以限制。

电气绝缘材料的耐热等级见表 2-1。通常，绝缘材料的电阻随温度上升将按指数规律降低，而且因温度上升发生的老化是经常的和不可逆的，所以，绝缘材料在长期工作制下的极限允许温度同样要受到限制，即不得超过表 2-1 中所规定的极限温度。

表 2-1　电器绝缘材料耐热等级

耐热等级	极限温度/℃	相当于该耐热等级的绝缘材料简述
Y	90	未浸渍的棉纱、丝、纸等材料或其组合物形成的绝缘结构
A	105	浸渍过或浸在液态电介质中的棉纱、丝及纸等材料或其组合物形成的绝缘结构
E	120	合成有机膜、合成有机磁漆等材料或其组合物形成的绝缘结构
B	130	以适当的树脂黏合或浸渍、涂覆后的云母、玻璃纤维、石棉等，以及其他无机材料、适当的有机材料或其组合物形成的绝缘结构
F	155	
H	180	以硅有机树脂黏合、浸渍或涂覆后的云母、玻璃纤维及石棉等材料或其组合物形成的绝缘结构
C	>180	以适当的树脂(如热稳定性特别优良的硅有机树脂)黏合、浸渍或涂覆后的云母、玻璃纤维等，以及未经浸渍处理的云母、陶瓷、石英等材料或其组合物形成的绝缘结构(C 级绝缘材料的极限温度应根据不同的物理、机械、化学和电气性能来确定)

尽管决定电器各类零部件工作性能的是它们的温度，但在考核电器的质量时却是以温升(即零部件温度与周围介质温度之差)作为指标。这是因为电器运行场所的环境温度因时因地而异，所以，只能人为地规定一个统一的环境温度(我国规定为 35℃)，据此再规定允许的温升 τ，以便考核。如果令零部件的温度为 θ，则有

$$\tau = \theta - 35℃$$

我国的国家标准、部标准和企业标准，按电器不同零部件的工作特征对其允许温升都有详细的规定。

虽然在各类标准中对电器载流体短时通过短路电流时的极限允许温度未做统一规定，但多年来一直是以不超过表 2-2 规定为准则。

　　校核电器载流部件的热稳定性——电器能够短时承受短路电流的热效应而不致损坏的能力，就是以表 2-2 中的数据为标准。至于主触头的短时极限允许温度则应限制在 200℃以内，弧触头以不发生触头熔焊为准。

表 2-2　短路时的短时允许温度

载流部件		极限允许温度/℃			
		铜	黄铜	铝	钢
未包绝缘导体		300	300	200	400
包绝缘导体	Y 级	200	200	200	200
	A 级	250	250	200	250
	B、C 级	300	300	200	400

2.1.3　电器的散热

　　电器中的基本散热方式有三种，即热传导、热对流和热辐射。当电器本体温度高于环境温度时，电器中损耗的能量转换成的热能有一部分通过以上三种基本方式散失到周围的介质中。

　　1. 热传导

　　通过物体之间直接接触或者在物体内部各部分之间发生的传热称为热传导，它是通过分子热运动来实现的。参与金属热传导过程的是自由电子，它明显地加速了此过程。热传导是固态物质传热的主要方式，温差的存在是热交换的充要条件。

　　两等温线的温差 $\Delta\theta$ 与等温线间距 Δn 之比的极限称为温度梯度，即

$$\lim_{\Delta n \to 0}\left(\frac{\Delta\theta}{\Delta n}\right) = \frac{\partial\theta}{\partial n} = \mathrm{grad}\,\theta \tag{2-6}$$

在单位时间内通过垂直于热流方向单位面积的热量称为热流密度，即

$$q = \frac{Q}{At} \tag{2-7}$$

式中，Q 为热量；A 为面积；t 为时间。

　　热传导的基本定律——傅里叶定律确立了热流密度与温度梯度之间的关系：

$$q = -\lambda\,\mathrm{grad}\,\theta \tag{2-8}$$

　　由于热量是向温度降低的方向扩散，而温度梯度是指向温度升高的方向，因此，式(2-8)中有一个负号。式(2-8)中的比例系数 λ 称为热导率或导热系数，其单位为 W/(m·K)。它相当于沿热流方向单位长度上的温差为 1K 时在单位时间内通过单位面积的热量。各种物质有不同的热导率，且由其物理性质决定。一般来说，热导率

$$\lambda = \lambda_0(1 + \beta_\lambda\theta)$$

式中，λ_0 为发热体温度 0℃时的热导率；θ 为发热体的温度；β_λ 为热传导温度系数。

热导率值范围很大(其单位均为 W/(m·K)),这是由不同物质有不同的热传导过程所决定的。

2. 热对流

通过流体(液体或气体)粒子的移动传输热能的现象称为对流。然而,热对流总是与热传导并存,只是前者在直接毗邻发热体表面处才具有较大意义。对流转移热量的过程与介质本身的转移互相联系,所以,只有在粒子能方便地移动的流体中才存在对流现象。影响对流的因素很多,其中,包括粒子运动的本质和状态、介质的物理性质以及发热体的几何参数和状态。

载流体表面的散热大多由自然对流(热粒子与冷粒子的密度差引起的流体运动)完成。由于同发热体接触,空气被加热,其密度也减小了。两种粒子的密度差产生上升力,使热粒子上升,冷粒子补充到热粒子原来的位置上。

对流有层流和紊流两种形式。做层流运动时,粒子与通道壁平行地运动;做紊流运动时,粒子无序且杂乱无章地运动。然而,并非整层流体均做紊流运动,近通道壁处总有一薄层流体因其黏滞性而保留层流性质,此薄层内的热量靠热传导传递。层流厚度取决于流速,并随流速的增大而减小。

散热能力主要取决于边界层,因为此处温度变化最大(图2-4)。热量传递过程随流体性质而异,直接影响此过程的因素有热导率、比热容、密度和黏滞系数等。

对流形式的热交换可按以下经验公式计算:

$$dQ = K_c(\theta - \theta_0)A dt \tag{2-9}$$

式中,dQ 为在 dt 时间内以对流方式散出的热量;θ、θ_0 分别为发热体和周围介质的温度;A 为散热面的面积;K_c 为对流散热系数。

对流散热过程很复杂,影响它的因素很多,所以,K_c 值一般以实验公式确定,也可借经验公式计算。

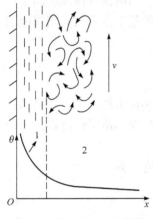

图2-4 边界层的对流散热
1-层流区;2-紊流区

3. 热辐射

通过电磁波传播热量的现象称为热辐射。它具有二重性:将热能转换为辐射能,再将辐射能转换为热能。热传导和热对流都必须在发热体与其他物体(或流体)相互接触的情况下进行,而热辐射不需要直接接触,能穿越真空传输能量。

关于热辐射的基本定律是斯特藩-玻尔兹曼定律:

$$dQ_r = \varepsilon K(T^4 - T_0^4)dt \tag{2-10}$$

式中,ε 为辐射系数,其值在 0~1 之间;K 为斯特藩-玻尔兹曼常数,$K = 5.67 \times 10^{-8} W/(m^2 \cdot K^4)$;$T$、$T_0$ 分别为辐射面和受热体的热力学温度;dQ_r 为在 dt 时间内以热辐射方式散出的热量。

式(2-10)表明,热辐射能量与辐射面热力学温度 T 的四次方成比例。电器零部件的极限温度才数百 K,故热辐射的散热效果很小。然而,电弧温度可达几千 K,故其热辐射不容忽视。

以上介绍了电器中的三种基本散热方式，即热传导、热对流和热辐射，实际工程中电器的散热情况可归纳为表 2-3。

表 2-3　实际工程中电器的散热情况

种类		散热方式	附注
固体零件		热传导	
真空		热辐射	
薄流体层	体层	热传导、热辐射	由于热导率λ都很小，因此，薄流体层的热阻很大，当气体或油层的厚度增大时，对流作用也加大，热阻相对减少。因此，从加强散热出发，在电器结构中应避免出现薄流体层
	油层	热传导	
能自由对流的流体内部		热对流	由于对流作用，使流体内部温差较小，流体上层温度稍高于下层温度
固体表面与流体间	流体介质是气体时	热对流、热辐射	
	流体介质是油时	热对流	

4. 综合散热系数

发热体虽然同时通过热传导、热对流和热辐射三种方式散热，但分开来计算却很不方便。因此，电器发热计算习惯上是以综合散热系数 K_T 来考虑三种散热方式的作用。它在数值上相当于每 $1m^2$ 发热面与周围介质的温差为 $1K$ 时，向周围介质散出的功率，故其单位为 $W/(m^2 \cdot K)$。

影响综合散热系数的因素很多，例如，介质的密度、热导率、黏滞系数、比热容与发热体的几何参数和表面状态等，此外，它还是温升的函数。

综合散热系数值通常通过实验方式求得，其值(表 2-4)既与实验条件有关，又与散热面的选取有关，故引用时应慎重对待。

表 2-4　综合散热系数值

散热表面及其状况	$K_T/(W/(m^2 \cdot K))$	备注
直径为 1～6cm 的水平圆筒或圆棒	9～13	直径小者取大的系数值
窄边竖立的紫铜质扁平母线	6～9	
涂覆有绝缘漆的铸铁件或铜件表面	10～14	
浸没在油箱内的瓷质圆柱体	50～150	
以纸绝缘的线圈	10～12.5	
	25～36	置于油中
叠片束	10～12.5	
	70～90	置于油中
垂直放置的丝状或带状康铜及铜镍合金绕制的螺旋状电阻	20	考虑导线全部表面时的 K_T 值
垂直放置的烧釉电阻	20	只考虑外表面

续表

散热表面及其状况	$K_T/(W/(m^2 \cdot K))$	备注
绕在有槽瓷柱上的镍铬丝或康铜丝电阻	23	不考虑槽时圆柱体外表面的 K_T 值
丝状或带状康铜或镍铬合金绕制的成形电阻	10～14	以导体的全部表面作为散热面
螺旋状铸铁电阻	10～13	以螺旋的全部表面作为散热面
具有平板箱体的油浸变阻器	15～18	以箱体外侧表面作为散热面

计算散热时还可采用下列经验公式求综合散热系数。

对于矩形截面母线

$$K_T = 9.2[1 + 0.009(\theta - \theta_0)]$$

对于圆截面导线

$$K_T = 10K_1[1 + K_2 \times 10^{-2}(\theta - \theta_0)]$$

式中，θ、θ_0 分别为发热体和周围介质的温度；K_1、K_2 为系数，其值见表 2-5。

表 2-5　K_1 和 K_2 的数值

圆导线直径/mm	10	40	80	200
K_1	1.24	1.11	1.08	1.02
K_2	1.14	0.88	0.75	0.68

对于电磁机构中的线圈，当散热面积 $A = (1～100) \times 10^{-4} m^2$ 时，

$$K_T = 46 \times \frac{1 + 0.005(\theta - \theta_0)}{\sqrt[3]{A \times 10^4}}$$

而当 $A = 0.01～0.05 m^2$ 时，

$$K_T = 23 \times \frac{1 + 0.005(\theta - \theta_0)}{\sqrt[3]{A \times 10^4}}$$

2.2　电器的发热计算

2.2.1　电器发热计算的基本原理

当电器本身的温度高于周围介质的温度时，就经过热传导、热对流和热辐射等散热方式向周围介质散热。电器的温度与周围介质的温度相差越大，散热越快。或者说，电器温升越高，散热能力越强。

当电器本身产生的热量与散失的热量相等后，电器温升达到恒定值，称为稳定发热状态，这时的温升称为稳态温升，电器产生的热量与散失的热量相平衡，所以，温度不再上升。如果电器温度仍随时间变化而变化，那么，称为不稳定发热状态。

电器的发热计算是有内部热源时的发热计算。在计算时假定：热源是温度为 θ 的均匀发

热体，其功率 P 为恒值，其比热容 c 和综合散热系数 K_T 也是均匀的，并且与温度无关。发热体的质量为 m，散热面积为 A。于是，热源的热平衡方程为

$$P\mathrm{d}t = cm\mathrm{d}\tau + K_T A \tau \mathrm{d}t \tag{2-11}$$

等式左端为热源在时间 $\mathrm{d}t$ 内产生的热量，右端的两项分别为消耗于发热体升温的热量和散失到周围介质中的热量。现将式(2-11)改写为

$$\frac{\mathrm{d}\tau}{\mathrm{d}t} + \frac{K_T A}{cm}\tau - \frac{P}{cm} = 0 \tag{2-12}$$

其特解为

$$\tau_1 = \frac{P}{K_T A}$$

这正是牛顿公式。方程(2-12)的辅助方程为

$$\frac{\mathrm{d}\tau_2}{\mathrm{d}t} + \frac{K_T A}{cm}\tau_2 = 0$$

其解为

$$\tau_2 = C_1 \mathrm{e}^{-\frac{t}{T}}$$

式中，C_1 为取决于具体问题初始条件的积分常数；T 为发热体的发热时间常数，$T = cm/(K_T A)$。

因此，方程(2-12)的通解，即发热体的温升为

$$\tau = \tau_1 + \tau_2 = \frac{P}{K_T A} + C_1 \mathrm{e}^{-\frac{t}{T}} \tag{2-13}$$

当 $t = 0$ 时，温升 $\tau = 0$，故 $C_1 = -P/(K_T A)$，而

$$\tau = \frac{P}{K_T A}\left(1 - \mathrm{e}^{-\frac{t}{T}}\right) \tag{2-14}$$

显然，当 $t \to \infty$ 时，温升 τ 将达到其稳态值

$$\tau_\mathrm{s} = \frac{P}{K_T A} \tag{2-15}$$

它是电器通电经无限长时间后已不再增高的温升。

式(2-15)是计算稳态温升的牛顿公式。根据式(2-14)可绘制均匀体发热时其温升与时间的关系(图 2-5(a))。由式(2-14)可求得发热时间常数(电器在绝热条件下温升达到 τ_s 所需的时间)

$$T = \frac{\tau_\mathrm{s}}{\left.\dfrac{\mathrm{d}\tau}{\mathrm{d}t}\right|_{t=0}} \tag{2-16}$$

在坐标原点作曲线 $\tau(t)$ 的切线与水平线 $\tau = \tau_\mathrm{s}$ 相交，其交点的横坐标就等于 T。当 $t = T$ 时，$\tau_T = 63.2\%\tau_\mathrm{s}$，故可将发热时间常数定义为使温升上升到其稳态值的 63.2% 时所需的时间。如果允许有 1%～2% 的误差，那么，可认为建立稳态发热过程需要 $4T$ 或 $5T$ 的时间。

电器脱离电源后就开始冷却。由于发热体已不再吸收能量，因此，式(2-11)将变为

$$cm\mathrm{d}\tau + K_T A \tau \mathrm{d}t = 0 \tag{2-17}$$

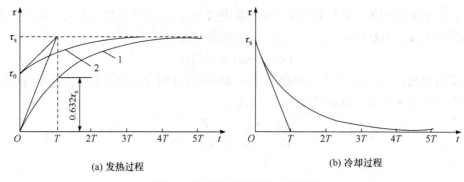

(a) 发热过程　　　　　　　　　　　(b) 冷却过程

图 2-5　发热过程和冷却过程曲线

$1\text{-}\tau_0=0$；$2\text{-}\tau_0\neq0$

其解为 $\tau=C_2\mathrm{e}^{-\frac{t}{T}}$。由于 $t=0$ 时，$\tau=\tau_s$，因此，积分常数 $C_2=\tau_s$。因此，冷却过程的方程为

$$\tau=\tau_s\mathrm{e}^{-\frac{t}{T}}=\frac{P}{K_T A}\mathrm{e}^{-\frac{t}{T}} \tag{2-18}$$

此过程的 $\tau(t)$ 曲线如图 2-5(b)所示。

如果电器接通电源时已有初始温升 τ_0，即 $t=0$ 时，$\tau=\tau_0$，那么方程(2-13)的通解，即发热体的温升为

$$\tau=\tau_0\mathrm{e}^{-\frac{t}{T}}+\tau_s\left(1-\mathrm{e}^{-\frac{t}{T}}\right) \tag{2-19}$$

此过程的 $\tau(t)$ 曲线如图 2-5(a)所示。

由于发热体温度不可能均匀分布，且比热容 c 和综合散热系数 K_T 又是温度的函数，因此，实际发热过程要复杂得多。虽然如此，上述分析的结论仍能在相当程度上反映客观实际，故一直被普遍用于工程计算。

有关例题可扫描二维码 2-1 和二维码 2-2 继续学习。

二维码 2-1　　　　　　　　　　　　　　　　　二维码 2-2

2.2.2　不同工作制下电器的发热计算

电器有 4 种工作制：不间断工作制、间断长期工作制、短时工作制和反复短时工作制。其中，前两种工作制统称为长期工作制。如果通电时间用 t_1 表示、断电时间用 t_2 表示，那么，长期工作制的特征为 $t_1\gg4T$，短时工作制的特征为 $t_1<4T$、$t_2\gg4T$，反复短时工作制的特征为 $t_1<4T$、$t_2<4T$。

1. 长期工作制

电器工作于长期工作制时，其温升可以达到稳态值。按牛顿公式求得的稳态温升值应

当小于或等于其极限允许温升，即

$$\tau_s \leqslant \tau_p \tag{2-20}$$

而且应在载流体通过的电流为额定值且含上限容差的条件下计算。

2. 短时工作制

由于通电时温升不致上升到稳态值，断电后却能完全冷却，因此，工作于短时工作制的电器允许通过大于额定值的电流。但是，要知道电流允许增大到额定值的多少倍。

设短时工作制的载流体通过的电流为 $n_{i_s} I_n$（I_n 为额定电流）；$n_{i_s} > 1$，为电流过载系数。如果长期通过此电流，稳态温升将是

$$\tau_{s_s} = \frac{(n_{i_s} I_n)^2 R}{K_T A} > \tau_p \tag{2-21}$$

式中，R 为载流体的电阻。

但通电时间仅为 $t_1 < 4T$，而此时的温升又应小于或等于极限允许温升 τ_p，故有

$$\tau_1 = \tau_p = \tau_{s_s}\left(1 - e^{-\frac{t_1}{T}}\right) = \frac{I_n^2 R}{K_T A} \tag{2-22}$$

比较式(2-21)和式(2-22)，得电流过载系数

$$n_{i_s} = \frac{1}{\sqrt{1 - e^{-t_1/T}}} \tag{2-23}$$

显然，短时工作制时的功率过载系数为

$$n_{P_s} = \frac{1}{1 - e^{-t_1/T}} \tag{2-24}$$

图 2-6(a)所示为短时工作制的温升曲线。

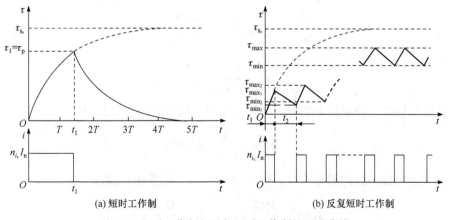

(a) 短时工作制　　　　　　　　(b) 反复短时工作制

图 2-6　短时工作制与反复短时工作制的温升曲线

如果 $t_1 \ll T$，将 $\mathrm{e}^{-t_1/T}$ 按麦克劳林级数展开后，由于可忽略高次项，因此，又有

$$n_{i_s} = \sqrt{\frac{T}{t_1}}, \qquad n_{P_s} = \frac{T}{t_1}$$

3. 反复短时工作制

在反复短时工作状态，如果发热和冷却过程严格地交替重复着，在第一个循环的通电和断电过程末，即 $t = t_1$ 及 $t = t_1 + t_2$ 时，温升将为 $\tau_{\max_1}$ 和 $\tau_{\min_1}$；等到第二个循环，通电时温升由 $\tau_{\min_1}$ 上升到 $\tau_{\max_2}$，断电时则由 $\tau_{\max_2}$ 降到 $\tau_{\min_2}$，以此类推。总之，在各循环通电过程末，温升未升至其稳态值；断电过程末，温升也未降至其初值。经多次循环后，终将出现图 2-6(b) 所示温升在 $\tau_{\max}$ 与 $\tau_{\min}$ 之间反复的过程。

在反复短时工作制时，电流也允许增至 $n_{i_c} I_n$（n_{i_c} 为电流过载系数）。令长期通过电流 $n_{i_c} I_n$ 时的稳态温升为 τ_{s_c}（$\tau_{s_c} > \tau_p$）。在第 n 次（n 值足够大）循环以后，便开始了温升在 $\tau_{\max}$ 与 $\tau_{\min}$ 间交替变化的振荡过程。按式 (2-18) 和式 (2-19)，有

$$\tau_{\max} = \tau_{\min} \mathrm{e}^{-\frac{t_1}{T}} + \tau_{s_c}\left(1 - \mathrm{e}^{-\frac{t_1}{T}}\right)$$

$$\tau_{\min} = \tau_{\max} \mathrm{e}^{-\frac{t_2}{T}}$$

综合以上二式，得

$$\tau_{\max} = \tau_{s_c} \frac{1 - \mathrm{e}^{-\frac{t_1}{T}}}{1 - \mathrm{e}^{-\frac{t_1 + t_2}{T}}} \leqslant \tau_p \tag{2-25}$$

将 $\tau_p = \dfrac{I_n^2 R}{K_T A}$ 带入式 (2-25)，并与 $\tau_{s_c} = \dfrac{(n_{i_c} I_n)^2 R}{K_T A}$ 比较，得反复短时工作制的电流过载系数 n_{i_c} 和功率过载系数 n_{P_c} 的计算公式如下：

$$n_{i_c} = \sqrt{\frac{1 - \mathrm{e}^{-(t_1 + t_2)/T}}{1 - \mathrm{e}^{-t_1/T}}} \tag{2-26}$$

$$n_{P_c} = \frac{1 - \mathrm{e}^{-(t_1 + t_2)/T}}{1 - \mathrm{e}^{-t_1/T}} \tag{2-27}$$

计算反复短时工作制的发热时，常应用通电持续率的概念，其定义为

$$TD\% = \frac{t_1}{t_1 + t_2} \times 100\%$$

此外，也常给定每小时的循环次数为操作频率 z，它们之间的关系是

$$t_1 + t_2 = \frac{3600}{z}, \qquad t_1 = \frac{3600 TD\%}{z}$$

因此，式(2-26)和式(2-27)又可写为

$$n_{i_c} = \sqrt{\frac{1-e^{-3600/(Tz)}}{1-e^{-3600TD\%/(Tz)}}} ， \qquad n_{P_c} = \frac{1-e^{-3600/(Tz)}}{1-e^{-3600TD\%/(Tz)}}$$

当 $t_1 + t_2 \ll T$ 时，则有

$$n_{i_c} = \sqrt{\frac{t_1+t_2}{t_1}} = \sqrt{\frac{1}{TD\%}} ， \qquad n_{P_c} = \frac{t_1+t_2}{t_1} = \frac{1}{TD\%}$$

2.3　短路时电器的发热和热稳定性

当电路发生短路时，短路电流远大于额定电流。电路中的短路状态虽然历时很短，一般仅十分之几秒到数秒，但是却可能造成严重灾害。

2.3.1　短路时电器的发热

由于短路电流存在时间 $t_{s_c} \ll T$，致使其产生的热量还来不及散往周围介质，因此，短路过程是全部热量均用以使载流体升温的绝热过程。若短路时间 $t_{s_c} \leqslant 0.05T$，则绝热过程的发热方程根据式(2-14)应为

$$\tau = \frac{\tau_{s_c} t_{s_c}}{T} \tag{2-28}$$

式中，τ_{s_c} 为长期通以短路电流 I_{s_c} 时的稳态温升，其值按牛顿公式为

$$\tau_{s_c} = \frac{I_{s_c}^2 R}{K_T A} \tag{2-29}$$

若短路电流沿载流体截面做均匀分布，且其体积元 $dAdl$ 内的发热过程遵循方程 $pdt = cmd\theta$，即

$$\frac{(j_{s_c}dA)^2 \rho dldt}{dA} = c\gamma dldAd\theta$$

经整理后再进行积分，得

$$\int_0^{t_{s_c}} j_{s_c}^2 dt = \int_{\theta_0}^{\theta_{s_c}} \frac{c\gamma}{\rho} d\theta = [A_{s_c}] - [A_0] \tag{2-30}$$

式中，j_{s_c} 为短路时的电流密度；c、γ、ρ 分别为载流体材料的比热容、密度和电阻率；m、l、A 分别为载流体的质量、长度和截面积；θ_0、θ_{s_c} 分别为短路过程始末的载流体温度。

若已知 c、γ、ρ 和 θ 间的关系，而起始温度 θ_0 又已给定，函数 $[A_0]$ 和 $[A_{s_c}]$ 均可求得，且可用曲线表示(图 2-7)。它可用于下列计算。

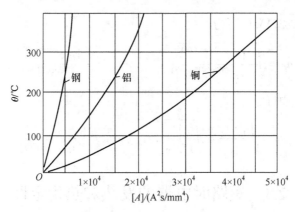

图 2-7　确定[A]值用的曲线

(1) 根据已知的短路电流、起始温度、短路持续时间和载流体的截面积，校核载流体的最高温度是否超过表 2-2 规定的允许温度。

(2) 根据已知的短路电流、起始温度、短路持续时间和材料的允许温度，确定载流体应有的截面积。

现介绍运用图 2-7 中曲线进行计算的步骤。

(1) 在纵轴上对应于载流体起始温度 θ_0 的一点 a 作水平线，使它与对应于载流体材料的曲线相交，再从交点作垂线交横轴于点 b，从而得 A_0 值。

(2) 计算 $[A_{s_c}]$ 值，即

$$[A_{s_c}] = [A_0] + \int_0^{t_{s_c}} j_{s_c}^2 \, \mathrm{d}t = [A_0] + \left(\frac{I_\infty}{A}\right)^2 t_{s_c} \tag{2-31}$$

式中，I_∞ 为短路电流稳态值(有效值)(A)；A 为载流体截面积(mm^2)；若 $t_{s_c} \leqslant 1\mathrm{s}$，则应以 $(t_{s_c} + 0.05)$ 取代 t_{s_c}。

(3) 在横轴上对应于 $[A_{s_c}]$ 的一点 c 作垂线与相应材料的曲线相交，再从交点作水平线交纵轴于点 d，即得 θ_{s_c} 值。

2.3.2　电器的热稳定性

电器的热稳定性是指电器承受规定时间内短路电流产生的热效应而不致损坏的能力。实用上是用热稳定电流衡量电器的热稳定性。热稳定电流是指在规定的使用条件和性能下，开关电器在接通状态下于规定的短暂时间内所能承载的电流。电器的热稳定性以热稳定电流的平方值与短路持续时间之积表示。习惯上以短路持续时间为 1s、5s、10s 时的热稳定电流 I_1、I_5、I_{10} 表示电器的热稳定性。按热效应相等的原则，三种电流间存在下列关系：

$$I_1^2 \times 1 = I_5^2 \times 5 = I_{10}^2 \times 10$$

因此，热稳定电流

$$I_1 = \sqrt{5} I_5 = \sqrt{10} I_{10}, \qquad I_5 = \sqrt{2} I_{10}$$

二维码 2-3　有关例题可扫描二维码 2-3 继续学习。

2.4　电器电动力的基本概念

磁场中的载流体受到力的作用，这个力试图改变回路的形状，以使回路内磁通增多。由于电流产生磁场，因此，载流体之间受到力的作用，这种力称为电动力。电动力的大小和方向与电流的种类、大小和方向有关，也与电流经过的回路形状、回路的相对位置、回路间的介质、导体截面形状等有关。触头、母线、绕组线匝和电连接板等电器的载流件间均作用着电动力。此外，载流件、电弧和铁磁材料制件之间也有电动力在作用。在正常工作条件下，这些电动力都不大，不会损坏电器。但出现短路故障时，情况就很严重了。短路电流值通常为正常工作电流的十至上百倍，在大电网中可达数十万安。因此，短路时的电动力非常大，在其作用下，载流件和与之连接的结构件、绝缘件(如支持瓷瓶、引入套管和跨接线等)均可能发生形变或损坏，载流件在短路时的严重发热还将加重电动力的破坏作用。电动力也能从电气方面损坏电器，例如，巨大的电动斥力会使触头因接触压力减小太多而过热以致熔焊，使电器无法继续正常运行，严重时甚至使动、静触头斥开，产生强电弧而烧毁触头和电器。

电动力还有可供利用的一面。除它能将电弧拉长及驱入灭弧室以增强灭弧效果外，限流式断路器就是利用电动斥力使动、静触头迅速分离，从而只需分断比预期电流小得多的电流。

电动力常用的计算方法有两种：一种是将它看作一载流体的磁场对另一载流体的作用，用毕奥-萨伐尔定律计算；另一种是根据载流系统的能量平衡关系，用能量平衡法计算。

2.5　电器的电动力计算

2.5.1　毕奥-萨伐尔定律计算电动力

用毕奥-萨伐尔定律可求得不同形状的载流体在不同的相互位置上所受的电动力。

当载有电流 i_1 的导体元 dl_1 处于磁感应强度为 B 的磁场内时(图 2-8(a))，根据安培定律，作用于它的电动力为

$$dF = i_1 dl_1 \times B \tag{2-32}$$

或

$$dF = i_1 dl_1 B \sin \beta \tag{2-33}$$

式中，B 为磁感应矢量；dl_1 为取向与 i_1 一致的导体元矢量；β 为由 dl_1 按最短路径转向 B 而确定的介于此二矢量间的平面角。

为计算载流体间的相互作用力，必须应用毕奥-萨伐尔定律求电流元 $i_2 dl_2$ 在导体元 dl_1 上一点 M 处产生的磁感应(图 2-8(b))

$$dB = \frac{\mu_0}{4\pi} i_2 \frac{dl_2 \times r^0}{r^2} \tag{2-34}$$

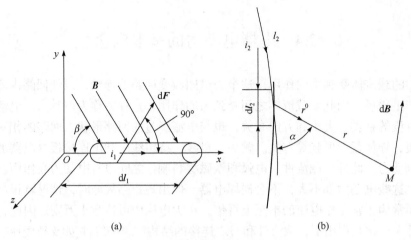

(a)　　　　　　　　　　　　　　(b)

图 2-8　载流导体间的相互作用力

或

$$\mathrm{d}\boldsymbol{B} = \frac{\mu_0}{4\pi} i_2 \mathrm{d}l_2 \frac{\sin\alpha}{r^2}$$

式中，r 为导体元 $\mathrm{d}l_2$ 至点 M 的距离；r^0 为单位矢量；$\mathrm{d}l_2$ 为沿方向 i_2 取向的导体元矢量；α 为 $\mathrm{d}l_2$ 和 r^0 二矢量间的夹角；μ_0 为真空磁导率，$\mu_0 = 4\pi \times 10^{-7}\mathrm{H/m}$，除铁磁材料外，其他材料的磁导率均取为 μ_0。

当导体截面的周长远小于两导体的间距时，可认为电流集中于导体的轴线上。于是，整个载流体 l_2 在点 M 处建立的磁感应为

$$\boldsymbol{B} = \frac{\mu_0}{4\pi} \int_0^{l_2} \frac{i_2 \mathrm{d}l_2 \sin\alpha}{r^2} \tag{2-35}$$

将式(2-35)代入式(2-33)并积分，得二载流体间相互作用的电动力

$$\boldsymbol{F} = \frac{\mu_0}{4\pi} i_1 i_2 \int_0^{l_1} \sin\beta \mathrm{d}l_1 \int_0^{l_2} \frac{\sin\alpha}{r^2} \mathrm{d}l_2 = \frac{\mu_0}{4\pi} i_1 i_2 K_\mathrm{c} \tag{2-36}$$

式中，K_c 为仅涉及导体几何参数的积分量，称为回路系数。

当二导体处于同一平面内时，$\beta = \pi/2$，$\sin\beta = 1$，回路系数为

$$K_\mathrm{c} = \int_0^{l_1} \int_0^{l_2} \frac{\sin\alpha \mathrm{d}l_1 \mathrm{d}l_2}{r^2} \tag{2-37}$$

这样，载流系统中各导体间相互作用的电动力的计算便归结为有关的回路系数的计算。

有两根无限长直平行载流体，其截面周长远小于间距 a(图 2-9(a))。显然，电流元 $i_2 \mathrm{d}l_2$ 在导体元 $\mathrm{d}l_1$ 处建立的磁感应为

$$\mathrm{d}\boldsymbol{B} = \frac{\mu_0}{4\pi} i_2 \mathrm{d}l_2 \frac{\sin\alpha}{r^2}$$

由图可见，$r = a/\sin\alpha$，$l_2 = a\cot\alpha$，因此 $\mathrm{d}l_2 = -(a/\sin^2\alpha)\mathrm{d}\alpha$。因此，整个载流体 II 中的电流 i_2 在导体 I 处建立的磁感应

$$B = \frac{\mu_0}{4\pi} \frac{i_2}{a} \int_{\alpha_2}^{\alpha_1} \sin\alpha \, d\alpha = \frac{\mu_0}{4\pi} \frac{i_2}{a} (\cos\alpha_1 - \cos\alpha_2) \tag{2-38}$$

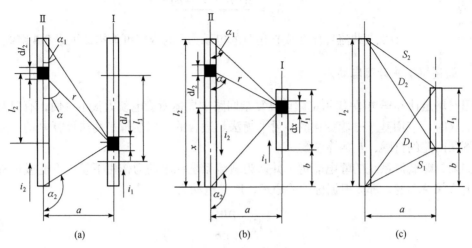

图 2-9　平行载流导体间的电动力

由于导体为无限长，因此，$\alpha_1 = 0$、$\alpha_2 = \pi$，而

$$B = \frac{\mu_0}{2\pi} \frac{i_2}{a}$$

因此，作用于导体 I 中线段 l_1 上的电动力

$$F = \frac{\mu_0}{2\pi} i_1 i_2 \frac{1}{a} \int_0^{l_1} dl_1 = \frac{\mu_0}{4\pi} \frac{2l_1}{a} i_1 i_2 = \frac{\mu_0}{4\pi} i_1 i_2 K_c \tag{2-39}$$

可见无限长直平行导体的回路系数

$$K_c = \frac{2l_1}{a} \tag{2-40}$$

如果载流体为有限长(图 2-9(b))，那么

$$\cos\alpha_1 = \frac{l_2 - x}{\sqrt{(l_2 - x)^2 + a^2}}, \qquad \cos\alpha_2 = -\frac{x}{\sqrt{x^2 + a^2}}$$

结合式(2-38)和式(2-39)，得此二载流体导体间相互作用的电动力为

$$
\begin{aligned}
F &= \frac{\mu_0}{4\pi} \frac{i_1 i_2}{a} \int_0^{b+l_1} \left[\frac{l_2 - x}{\sqrt{(l_2 - x)^2 + a^2}} + \frac{x}{\sqrt{x^2 + a^2}} \right] dx \\
&= \frac{\mu_0}{4\pi} i_1 i_2 \frac{1}{a} \left[\sqrt{(l_1 + b)^2 + a^2} + \sqrt{(l_2 - b)^2 + a^2} - \sqrt{(l_2 - l_1 - b)^2 + a^2} - \sqrt{a^2 + b^2} \right]
\end{aligned}
\tag{2-41}
$$

由图 2-9(c)可见，式(2-41)方括号内的四项依次为 D_1、D_2、S_2 和 S_1，前二者为导体 I 、Ⅱ 所构成的四边形的对角线，后二者为其腰。因此，回路系数为

$$K_c = \frac{(D_1 + D_2) - (S_1 + S_2)}{a}$$

二维码 2-4

在特殊场合，例如，$l_1 = l_2 = l(b = 0)$时，有

$$K_c = \frac{2(\sqrt{l^2 + a^2} - a)}{a} \tag{2-42}$$

有关"载流导体互成直角时的电动力"的内容可扫描二维码 2-4 继续学习。

2.5.2　能量平衡法计算电动力

用安培定律和毕奥-萨伐尔定律计算复杂回路中导体所受电动力很不方便，有时甚至不可能。这时，应用基于磁能变化的能量平衡法是适合的。用能量平衡法计算电动力需要先知道不同回路的自感、互感等参数。

如果忽略载流系统的静电能量，并认为载流系统在电动力作用下发生形变或位移时各回路电流保持不变，那么根据虚位移原理，广义电动力

$$F_b = \frac{\partial W_M}{\partial b} \tag{2-43}$$

式中，W_M 为磁场能量；b 为广义坐标。

式(2-43)的意义是导体移动时所做的机械功等于回路磁能的变化。以偏微分形式表示是为了说明磁能变化只需要从力图改变待求电动力的那个坐标的变化来考虑。例如，求使载流圆形导体断裂的力，广义坐标应取导体半径；而求二载流体间相互作用的电动力，广义坐标应取导体间距离。

磁能对磁链的导数 $dW_M/d\psi = i/2$。只有一回路时，电动力

$$F = \frac{i}{2} \frac{d\psi}{db}$$

但 $\psi = N\Phi = Li$（Φ 为磁通，N 为回路的匝数，L 为该回路的电感），故电动力

$$F = \frac{1}{2} i^2 \frac{dL}{db}$$

现计算导线半径为 r、平均半径为 R 的一个圆形导体的断裂力(图 2-10(a))。当 $R \geqslant 4r$ 时，导体电感 $L = \mu_0 R[\ln(8R/r) - 1.75]$，所以，作用于全导体的电动力为

$$F = \frac{1}{2} i^2 \frac{dL}{dR} = \frac{\mu_0}{2} i^2 \left(\ln \frac{8R}{r} - 0.75 \right)$$

出现于单位长度导体上且沿半径取向的电动力为 $f = F/(2\pi R)$，而作用于导体使其断裂的电动力，即 f 在 1/4 圆周上的水平分量总和为

$$F_b = \int_0^{\pi/2} Rf \cos\varphi \, d\varphi = \frac{\mu_0}{4\pi} i^2 (\ln \frac{8R}{r} - 0.75)$$

如果有两个圆形导体(图 2-10(b))，彼此间的距离为 h，且 h 与圆形导体半径 R_1、R_2 为可比，又接近于 R_1，那么其间的互感为

$$M = \mu_0 R_1 \left(\ln \frac{8R_1}{\sqrt{h^2 + c^2}} - 2 \right)$$

式中，$c = R_2 - R_1$。磁能对互感的导数 $\mathrm{d}W_\mathrm{M}/\mathrm{d}M = i_1 i_2$，于是两导体间相互作用的电动力为

$$F_h = i_1 i_2 \frac{\mathrm{d}M}{\mathrm{d}h} = -\mu_0 i_1 i_2 \frac{R_1 h}{h^2 + c^2}$$

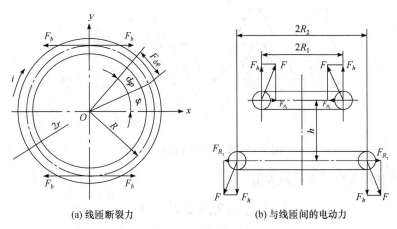

(a) 线匝断裂力　　　　　　　　(b) 与线匝间的电动力

图 2-10　导体电动力

式中的负号说明：随着距离 h 的增大，互感 M 将减小。此电动力的值与 c 有关，且在 $c = 0$ 时有最大值

$$F_{h_\mathrm{max}} = -\frac{\mu_0 i_1 i_2 R_1}{h}$$

2.5.3　交变电流下的电动力计算

前面讨论的电动力计算公式在交流情况下同样适用。交变电流是随时间变化的电流，作用在通过交变电流的导体上的电动力也将随时间变化而变化，而正弦电流是最常见的交变电流。

1. 单相系统中的电动力计算

设有一单相交流系统，其导体通过电流

$$i = I_\mathrm{m} \sin \omega t$$

式中，I_m 为电流的幅值；ω 为电流的角频率。这时，导体间相互作用的电动力

$$F(t) = \frac{\mu_0}{4\pi} i^2 K_\mathrm{c} = \frac{\mu_0}{4\pi} K_\mathrm{c} I_\mathrm{m}^2 \sin^2 \omega t \tag{2-44}$$

令 $C = \mu_0 K_c/(4\pi)$，且考虑到 $\sin^2 \omega t = (1 - \cos 2\omega t)/2$，故有

$$F(t) = \frac{C I_\mathrm{m}^2 (1 - \cos 2\omega t)}{2} = CI^2 - CI^2 \cos 2\omega t = F_- + F_\sim$$

式中，F_- 为交流电动力的恒定分量，也称平均力，$F_- = CI^2$；$F_\sim$ 为交流电动力的交变分量，$F_\sim = -CI^2 \cos 2\omega t$，其幅值等于平均力，而频率为电流频率的 2 倍。

上式表明：交流单相系统中的电动力由恒定分量与交变分量两部分构成，它是单方向作用的，并按 2 倍电流频率变化。图 2-11 就是该电动力和电流随时间变化的曲线。

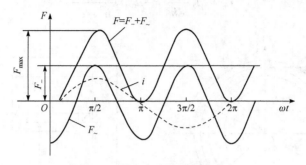

图 2-11 单相交流系统的电动力

显然，交流单相电动力有最大值

$$F_{\max}^{(1)} = CI_{\mathrm{m}}^2 = 2CI^2 = 2F_-$$

和最小值

$$F_{\min}^{(1)} = 0$$

为便于比较，将单相交流电动力的最大值取为基准值，并用 F_0 表示。

2. 三相系统中的电动力计算

对称三相交流系统的电流为

$$i_{\mathrm{A}} = I_{\mathrm{m}} \sin \omega t$$
$$i_{\mathrm{B}} = I_{\mathrm{m}} \sin(\omega t - 120°)$$
$$i_{\mathrm{C}} = I_{\mathrm{m}} \sin(\omega t + 120°)$$

令三相电流同向，当三相导体平行并列时，作用于任一边缘相导体上的电动力为中间相及另一边缘相导体中电流对其作用之和。边缘相导体间的距离是它们与中间相导体间距离的 2 倍(图 2-12)，故两边缘相导体中电流间的相互作用力仅为它们与中间相导体中电流间的相互作用力的一半，因此，

$$
\begin{aligned}
F_{\mathrm{A}} &= F_{\mathrm{A/B}} + F_{\mathrm{A/C}} = Ci_{\mathrm{A}}(i_{\mathrm{B}} + 0.5i_{\mathrm{C}}) \\
&= CI_{\mathrm{m}}^2 \sin\omega t \left[\sin(\omega t - 120°) + 0.5\sin(\omega t + 120°) \right] \\
&= -0.866 CI_{\mathrm{m}}^2 \sin\omega t \sin(\omega t + 30°) \\
F_{\mathrm{B}} &= F_{\mathrm{B/A}} + F_{\mathrm{B/C}} \\
&= Ci_{\mathrm{B}}(i_{\mathrm{A}} - i_{\mathrm{C}}) \\
&= CI_{\mathrm{m}}^2 \sin(\omega t - 120°) \left[\sin\omega t - \sin(\omega t + 120°) \right] \\
&= 0.866 CI_{\mathrm{m}}^2 \cos(2\omega t - 150°)
\end{aligned}
$$

电动力 F_{A} 在 $\omega t = 75°$ 及 $\omega t = 15°$ 处分别有最大值及最小值

$$F_{\max_A}^{(3)} = -0.808CI_m^2 = -0.808F_0$$

$$F_{\min_A}^{(3)} = 0.055CI_m^2 = 0.055F_0$$

而电动力 F_B 在 $\omega t = 75°$ 及 $\omega t = 165°$ 处分别有最大值及最小值

$$F_{\max_B}^{(3)} = 0.866CI_m^2 = 0.866F_0$$

$$F_{\min_B}^{(3)} = -0.866CI_m^2 = -0.866F_0$$

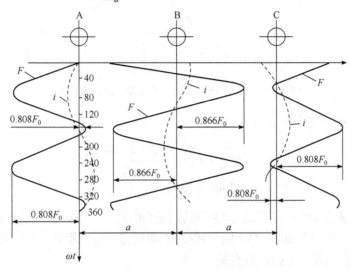

图 2-12　三相并列平行导体中的电流和电动力

至于 C 相导体所受电动力的最大值和最小值的幅度均与 A 相的相同，只是出现的相位不同而已。

根据上面的分析可以得出两点结论。

(1) 三相平行布置的导电系统，作用于中间相(B 相)导体上的电动力的最大值与最小值幅度一样，都比边缘相导体所受电动力的最大值大 7%；作用在边缘相导体上的电动力，其最大值和最小值相差十几倍。

(2) 如果电流幅值相等，且二导线间距也相等，那么单相系统导线所受电动力比三相系统大。

为了避免三相平行布置的导体受力不均，有时将三相导体按等边三角形布置(图 2-13)，情况将完全不同。以 A 相导体为例，取其轴心为坐标原点，并作 x、y 坐标轴如图 2-13 所示，再求其所受电动力沿此二轴方向上的分量为

$$F_{A_x} = F_{A/B_x} + F_{A/C_x} = CI_m^2 \sin\omega t \left[\sin(\omega t - 120°) + \sin(\omega t - 120°)\right]\cos 30°$$

$$= \frac{-\sqrt{3}CI_m^2\left(1 - \cos 2\omega t\right)}{4}$$

$$F_{A_y} = F_{A/B_y} + F_{A/C_y} = CI_m^2 \sin\omega t \left[\sin(\omega t - 120°) - \sin(\omega t - 120°)\right]\sin 30°$$

$$= \frac{-\sqrt{3}CI_m^2 \sin 2\omega t}{4}$$

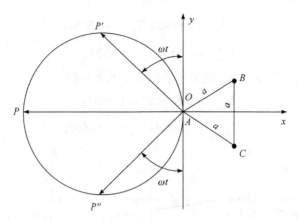

图 2-13　三相导体在等边三角形顶点时的电动力

因此，作用在 A 相导体上的电动力

$$F_{\mathrm{A}} = \sqrt{F_{\mathrm{A}_x}^2 + F_{\mathrm{A}_y}^2} = \frac{\pm\sqrt{3}CI_{\mathrm{m}}^2 \sin 2\omega t}{2} \tag{2-45}$$
$$= \pm 0.866 F_0 \sin 2\omega t$$

此电动力的量值和方向可用图 2-13 中的向量 $\overrightarrow{OP}$ 表示。力 F_x 在 x 轴上的射影恒在坐标原点左侧。应当注意：当 $2\omega t > 180°$ 时，式(2-45)取负号，反之则取正号，否则，电动力 F_{A} 在 x 轴上的射影将出现在坐标原点右侧。

B 相和 C 相导体受到的电动力与 A 相的一样，仅在空间及时间上有相位差。

2.6　短路时电器的电动力和电动稳定性

电力系统发生短路时，流过导体的短路电流很大，所产生的电动力对电器具有巨大的破坏作用。

2.6.1　单相系统短路时电器的电动力

单相系统发生短路时，过渡过程中的短路电流包括正弦周期分量和非周期分量。前者也称为稳态分量，它取决于系统短路时的阻抗；后者也称为暂态分量或衰减分量，它主要取决于发生短路时电源电压的相位。短路电流的表达式为

$$i = I_{\mathrm{m}}\left[\sin(\omega t + \psi - \varphi) - \sin(\psi - \varphi)\mathrm{e}^{-Rt/L}\right] = i' + i'' \tag{2-46}$$

式中，I_{m} 为短路电流稳态分量的幅值；ψ 为短路瞬间的电压相角；φ 为系统短路时的阻抗角；i'、i'' 分别为短路电流的稳态分量和暂态分量；R、L 分别为系统短路后的电阻和电感。短路电流和电动力与时间的关系，如图 2-14 所示。

由式(2-46)可得：当 $\psi = \varphi$ 时，短路电流的暂态分量为零，短路电流值最小；$\psi = \varphi - \pi/2$ 时，暂态分量和短路电流均最大。这时有

$$i = I_m(e^{-Rt/L} - \cos\omega t) = I_m(e^{-t/T} - \cos\omega t)$$

式中，T 为电路的电磁时间常数，$T = L/R$。

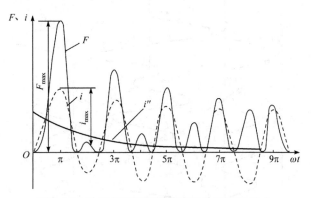

图 2-14　单相交流系统短路时的电流和电动力

因此，电动力为

$$F = CI_m^2(e^{-t/T} - \cos\omega t)^2 = F_0(e^{-t/T} - \cos\omega t)^2 \qquad (2\text{-}47)$$

图 2-14 还给出了短路时电动力与时间的关系。

在短路电流达到冲击电流值，即 $t = \pi/\omega$ 时，电动力有最大值

$$F_{\max_{sc}}^{(1)} = CK_i^2 I_m^2$$

式中，K_i 为冲击系数，其值与系统容量、短路点位置以及电路的电磁时间常数等有关。对于一般工业电网，可以取 $K_i = 1.8$。

因此，发生单相短路时电动力的最大值为

$$F_{\max_{sc}}^{(1)} = 3.24 CI_m^2 = 6.48 CI^2 \qquad (2\text{-}48)$$

2.6.2　三相系统短路时电器的电动力

以并列于同一平面内的平行三相导体为例。当发生短路时，各相电流为

$$i_A = I_m\left[\sin(\omega t + \psi - \varphi) - \sin(\psi - \varphi)e^{-t/T}\right]$$

$$i_B = I_m\left[\sin(\omega t + \psi - \varphi - 120°) - \sin(\psi - \varphi - 120°)e^{-t/T}\right]$$

$$i_C = I_m\left[\sin(\omega t + \psi - \varphi - 120°) - \sin(\psi - \varphi - 120°)e^{-t/T}\right]$$

根据前面的分析，发生三相短路时，中间一相导体所受的电动力最大。如果短路电流稳态分量值与单相短路时相同，那么，三相短路时电动力的最大值为

$$F_{\max_{sc}}^{(3)} = 0.866 F_{\max_{sc}}^{(1)} = 2.8 CI_m^2 = 5.6 CI^2 \qquad (2\text{-}49)$$

三相交流系统短路时的电流和电动力与时间的关系，如图 2-15 所示。

有关例题可扫描二维码 2-5 继续学习。

二维码 2-5

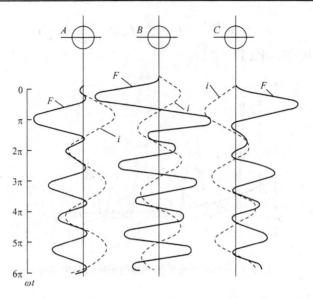

图 2-15　三相交流系统短路时的电流和电动力

2.6.3　电器的电动稳定性

电器的电动稳定性是指电器承受短路电流电动力的作用而不致损坏或产生永久变形的能力。由于在短路电流产生的巨大电动力作用下，载流体以及与其刚性连接的绝缘件和结构件均可能发生形变甚至损坏，因此，电动稳定性也是考核电器性能的重要指标之一。

导体通过交变电流时，电动力的量值和方向都会随时间变化(方向的变化仅出现于三相系统)。材料的强度不仅受力的量值影响，也受其方向、作用时间和增长速度影响。但导体、绝缘件和结构件等在动态情况下相当复杂，故电动稳定性仅在静态条件下按最大电动力来校核。

电器的电动稳定性一般可直接以其零部件的机械应力不超过容许值时的电流(幅值) I_{m_p} 表示，或以该电流与额定电流 I_n 之比表示为

$$K_I = \frac{I_{m_p}}{I_n} \tag{2-50}$$

有时也用机械应力不超过容许值时，发生短路后第一个周期的冲击电流有效值 I_{i_i} 表示。

对于单相设备或系统，电动力是按短路冲击电流 $i_i = K_i I_m^{(1)}$ 计算。如果短路点很接近发电机，那么，应取短路时的超瞬变电流(幅值)作为电流 I_m。

对于三相设备或系统，计算电动力时依据的电流是

$$i_i = K_i I_m^{(3)}$$

式中，$I_m^{(3)}$ 为三相短路电流对称分量的幅值。

计算三相系统的电动力时，应注意到三相导体平行时，中间相电动力为最大的特点。

导体材料的应力必须小于下列数值：铜为 $13.7 \times 10^7 N/m^2$；铝为 $6.86 \times 10^7 N/m^2$。

电器或系统的大电流回路往往为若干导体并联构成的导体束。这时，电动力包括邻相

导体或相邻导体间的电动力和同相并联导体间的电动力。同相并联导体的间距常取为导体的厚度，故其间的电动力可能比邻相间的大得多。

如果令相邻导体或邻相导体间的电动力产生的应力为 σ_1，而同相并联导体间的电动力产生的应力为 σ_2，那么，导体中的总应力为

$$\sigma = \sigma_1 + \sigma_2$$

以汇流排为例，如果视母线为多跨梁，那么，应力为

$$\sigma_1 = \frac{M_W}{W} = 0.1 \frac{f_1 l_1^2}{W}$$

式中，M_W 为弯矩；W 为关于弯曲轴线的断面系数；f_1 为作用于单位长度母线上的邻相导体或相邻导体间的电动力；l_1 为绝缘子间的跨距。如果同相并联导体做刚性连接，那么，应力

$$\sigma_2 = \frac{M}{W} = \frac{1}{12} \frac{f_2 l_2^2}{W} \tag{2-51}$$

式中，f_2 为导体束单位长度母线上相互作用的电动力；l_2 为绝缘垫块间的距离。

由于导体束中母线间的距离与母线截面周边尺寸为可比，因此，计算电动力时应引入形状系数 K_f。

作用于绝缘子上的力为

$$F = f_1 l_1$$

因此，选择绝缘子时应使冲击电流产生的电动力小于制造厂规定的最小破坏力的 60%。至于形状复杂的绝缘件(如瓷衬套等)，容许机械应力还与厚度有关。此外，还应注意到绝缘子的抗拉强度比其抗压强度小很多。

有关例题可扫描二维码 2-6 继续学习。

二维码 2-6

第3章　电器的电接触与电弧理论

电器的执行部件可以实现电路的通断和转换。触头既是一切有触头电器的执行元件，又是其中最薄弱的环节。触头的工况不但直接影响整个电器的性能，而且影响整个系统的工作状态。触头通断电流的过程往往伴随着气体放电现象和电弧的产生与熄灭。在电器中，电弧的存在具有两重性；一方面，电弧延迟电路开断、烧损触头，严重情况下可能引起电器的着火和爆炸；另一方面，电弧给电路中电磁能量的泄放提供通路，可以降低电路分断时产生的过电压。

触头的工作状况与电弧密切相关，它在工作过程中将被高温电弧灼伤，并发生质量转移和电侵蚀。本章主要讨论电接触现象的本质、触头在各种工作状态下的行为以及延长触头寿命和改善触头工作性能的技术措施，同时还要讨论电弧的产生原因、性质、熄灭方法以及电器中常用的灭弧装置。

3.1　电接触的基本概念

3.1.1　电接触与触头

任何一个电气系统都必须将电流从一个导体通过导体与导体的接触传向另一个导体，这种保证电流流通的导体间的接触称为电接触。或者说，电接触是两个导体之间通过接触面实现电流传递或信号传输的一种物理化学现象。通过互相接触以实现导电的具体部件称为电触头(简称触头)，它是接触时接通电路、操作时因其相对运动而断开或闭合电路的两个或两个以上的导体。

1. 触头的分类

电器的触头根据用途可以分为两类。

(1) 连接触头。

连接触头(图 3-1)通过焊接、铆接和栓接等机械方式来连接电路的不同环节，使电流能够从一环节流向另一环节。

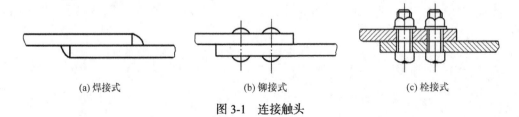

(a) 焊接式　　　　　　　　(b) 铆接式　　　　　　　　(c) 栓接式

图 3-1　连接触头

这种触头在工作过程中无相对运动,它永远闭合。连接触头除栓接的为可卸式外,其余为不可卸式。对连接触头的基本要求是:在其所在装置的使用期限内,应能完整无损地长期通过正常工作电流和短时通过规定的故障电流。因此,它的电阻应不大而且稳定。这就要求它既能耐受周围介质的作用,又能耐受温度变化引起的形变和通过短路电流时所产生的电动力的机械作用。

(2) 换接触头。

换接触头是电器中用以接通、分断及转换电路的执行部件,总是以动触头和静触头的形式成对地出现。它有多种形式,例如,楔形触头、刷形触头、指形触头、桥式触头和瓣式触头等(图 3-2)。对换接触头的基本要求是:电阻小而稳定,并且耐电弧、抗熔焊和电侵蚀。考虑到有触头电器的故障很大一部分是触头工作不良所致,而且后果还较严重,所以,对电器的换接触头要重视。

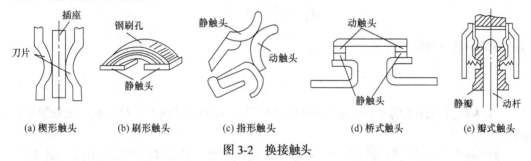

(a) 楔形触头　　　(b) 刷形触头　　　(c) 指形触头　　　(d) 桥式触头　　　(e) 瓣式触头

图 3-2　换接触头

2. 换接触头的工作状态和基本参数

换接触头有两种稳定工作状态:对应于电路通路的闭合状态和对应于电路断路的断开状态。换接触头还有两种过渡工作状态:从断开状态向闭合状态过渡的接通过程和从闭合状态向断开状态过渡的分断过程。

换接触头有四个基本参数:开距、超程、初压力和终压力。开距是触头处于断开状态时其动静触头间的最短距离,其值是由它能否耐受电路中可能出现的过电压以及能否保证顺利熄灭电弧来决定的。超程是自动、静头接触至继续运动到最终位置所对应的行程,其值取决于触头在其使用期限内遭受的电侵蚀。初压力是弹簧的预压力,终压力是触头闭合终止位置的触头压力,其值由许多因素(如温升、熔焊等)决定。

3.1.2　接触电阻的理论和计算

两段导体的电接触处产生的附加电阻称为接触电阻,以 R_j 表示。接触电阻的存在使电接触处出现局部高温。

两互相接触的导体间的电阻是在接触压力 F_j 作用下形成的,该压力使导体彼此紧压并以一定的面积互相接触。试验表明,导体接触处的整个面积只是视在面积,真正接触着的是离散性的若干个称为 a 斑点的小点(图 3-3)。这种斑点的面积只是视在接触面的很小一部分,a 斑点本身也只有一小部分是纯金属接触区,其余部分是受污染的准金属接触区和覆盖着绝缘膜的不导电接触区。因此,实际的金属导体接触面非常小。

实际接触面缩小到局限于少量的 a 斑点引起了束流现象,即电流线收缩现象。它的出

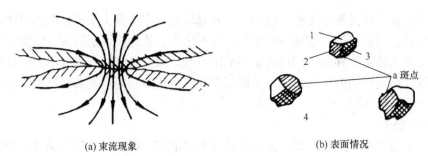

(a) 束流现象　　　　　　　　　　　(b) 表面情况

图 3-3　金属导体表面接触情况

1-纯金属接触区；2-准金属接触区；3-绝缘区；4-未接触区

现总是伴随着与接触压力反向的电动斥力

$$F_e = \frac{\mu_0}{4\pi} I^2 \ln \frac{R_0}{r(\theta)}$$

以及由箍缩效应导致的附加力

$$F_p = \frac{\mu_0}{6\pi} I^2$$

式中，I 为通过电流束的电流；R_0 为束流区的半径；$r(\theta)$ 为接触面半径，它是该处温度 θ 的函数。

这两种力都将使实际接触面进一步缩小，因此，束流现象将引起称为束流电阻 R_b 的电阻增量。由于 R_0 和 $R(\theta)$ 及 a 斑点均为随机量，因此，束流电阻迄今仍难以通过解析方式计算。

接触面暴露在大气中会导致表面膜层的产生。它包含尘埃膜、化学吸附膜、无机膜和有机膜。尘埃膜由灰尘、织物纤维、介质中的杂质和放电产生的含碳微粒形成，它易生成也易脱落。化学吸附膜由气体分子和水分子吸附在接触面上形成，其厚度与电子固有波长相近，电子能以一定概率通过它。以上两种膜层虽会使接触电阻略增，但一般无害，仅使其欠稳定。无机膜主要是氧化膜及硫化膜，它能使电阻率增大 3～4 个数量级至十几个数量级，严重时甚至呈现半导体状态。银的氧化膜温度较高时即可分解，铜的氧化膜要近于其熔点才能分解，故危害很大。有机膜由绝缘材料或其他有机物排出的蒸气聚集在接触面上形成，它不导电，击穿强度又高，使接触电阻非常大。但当其厚度不超过 5×10^{-9}m 时，可借隧道效应导电，否则，只能借空穴或电子移动导电，而其电阻也类似绝缘电阻。膜层导致的电阻增量称为膜层电阻 R_f，其随机性非常大，故更难用解析方式计算。

因此，电接触导致的电阻增量——接触电阻 R_j 工程上常用下面的经验公式计算：

$$R_j = \frac{K_c}{(0.102 F_j)^m} \tag{3-1}$$

式中，K_c 为与触头材料、接触面加工情况以及表面状况有关的系数(表 3-1)；F_j 为接触压力；m 为与接触形式有关的指数(点接触 $m = 0.5$、线接触 $m = 0.5 \sim 0.7$、面接触 $m = 1.0$，见图 3-4)。

表 3-1　系数 K_c 的数值

触头材料	表面状况	$K_c/(\Omega \cdot N^m)$
银-银		60×10^{-6}
铜-铜		$(80 \sim 140) \times 10^{-6}$
铝-铜	未氧化	980×10^{-6}
铝-黄铜		1900×10^{-6}
银氧化镉 12-银氧化镉 12		170×10^{-6}
	已氧化	350×10^{-6}

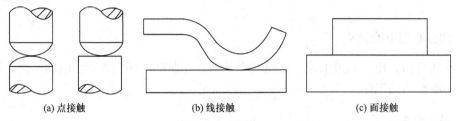

(a) 点接触　　　　　　　(b) 线接触　　　　　　　(c) 面接触

图 3-4　接触方式

影响接触电阻的因素很多，其中主要有以下四点。

(1) 接触形式。它分为点(如球面对球面、球面对平面)、线(如圆柱对平面)、面(如平面对平面)三种，如图 3-4 所示。表面上看似平面接触的接触电阻最小，但当接触压力不大时，面接触的 a 斑点多，每个斑点上的压力反而很小，以致接触电阻增大很多。因此，继电器和小容量电器的触头普遍采用点-点及点-面接触形式，大中容量电器触头才采用线和面接触形式。表 3-2 中关于铜触头的实验数据就是实证。

表 3-2　接触形式与接触电阻值

接触形式		点接触	线接触	面接触
$R_j/(\times 10^{-6}\Omega)$	$F_j = 9.8N$	230	330	1900
	$F_j = 980N$	23	15	1

(2) 接触压力。它是确定接触电阻的决定性因素。接触面受压后总有弹性及塑性形变，使接触面积增大。压力还能抑制表面膜层的影响。从材料为黄铜的点-平面接触触头通过 20A 电流时的试验结果来看(图 3-5)，接触压力越小，R_j 越大，且分散性很大，可是过分增大接触压力也并不见好。

弱电继电器接触压力很小，为使接触电阻值稳定，压力不得小于表 3-3 中的数值。

(3) 表面状况。接触面越粗糙，越易污染和氧化，R_j 也越大。其后果不仅是发热损耗增大，还会妨碍电路正常接通，特别是当电压和电流都很小时。

(4) 材料性能。影响 R_j 值的材料性能主要是电阻率和

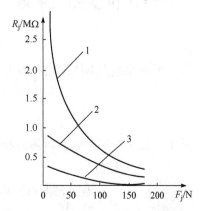

图 3-5　接触电阻与接触压力的关系
1-实测上限值；2-计算值；3-实测下限值

屈服点。屈服点越小(即材料越软)越易发生塑性形变，R_j值也越小。

表 3-3　接触压力的规定最小值

触头材料	金	铂	铂-铱	银	钯	钨	铜
$F_{j_{min}}/(\times 10^{-3}\text{N})$	9.9	29.5	29.5	147	147	393	2950

3.2　触头在不同工作状态时的电接触

3.2.1　闭合状态下的触头

触头闭合后，由于通过电流，其温度将升高，并在动静触头间产生电动斥力。这些现象都会影响触头的工作。

1. 触头的发热

触头的发热与一般导体不同，它分本体发热和触头发热两部分。触头处有接触电阻，产生的热量很大，同时其表面积很小，热量只能通过热传导传给触头本体。因此，触头的温度要比触头本体的高。

触头相对本体的温升可按式(3-2)估算：

$$\tau_{jp} = \frac{I^2 R_j^2}{8\lambda\rho} = \frac{U_j^2}{8\lambda\rho} \tag{3-2}$$

式中，U_j为接触电压降；I为通过触头的电流；λ、ρ分别为触头材料的热导率和电阻率。

金属材料的λ值越大，ρ值就越小。任何金属的$\lambda\rho$值仅与绝对温度T有关，即

$$\lambda\rho = LT \tag{3-3}$$

式中，L为洛伦兹常数，其值为$2.4\times 10^{-8}\text{V}^2/\text{K}^2$。

将式(3-3)代入式(3-2)，得

$$\tau_{jp} = \frac{I_2 R_j^2}{8LT} \tag{3-4}$$

考虑到触头本体发热和触头发热的特殊性，触头相对周围介质的温升为

$$\tau_{jm} = \frac{I_2 R_j^2}{8\lambda\rho} + \frac{I^2 R_j}{2\sqrt{\lambda p K_T A}} + \tau_j \tag{3-5}$$

式中，A、p分别为触头本体的截面积及其周长；τ_j为温升$\tau_j = I^2\rho/(K_T pA)$；$K_T$为综合散热系数。

二维码 3-1

有关例题可扫描二维码 3-1 继续学习。

2. 接触电阻与接触电压降

触头接触面温度上升时，由于接触电阻R_j增大，接触电压降U_j也会增大，反过来也一

样。但实验所得 R_j-U_j 特性并非都是这样(图 3-6)。由图可见，当 U_j 增大时，R_j 开始是增大的，但当 U_j 增大到 U_s 时，触头温度已高达能令触头金属材料机械性质发生变化——软化的地步，故 U_s 称为软化电压。这时，在接触压力作用下，接触面积增大，使 R_j 骤减。此后，R_j 仍将随 U_j 而逐渐增大，并在 U_j 增到 U_m 时再度猛降，因为此时接触面积因温度已达熔点而增大很多。电压降 U_m 称为熔化电压。软化电压和熔化电压都是触头材料的特性参数(表3-4)。

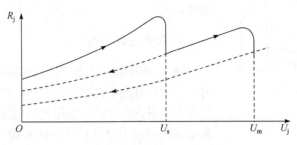

图 3-6　触头的 R_j-U_j 特性

表 3-4　触头材料的 U_s 和 U_m 值

触头材料	锡	金	银	铝	铜	镍	铂	钨
U_s/V	0.07	0.08	0.09	0.10	0.12	0.22	0.25	0.40
U_m/V	0.13	0.43	0.37	0.30	0.43	0.65	0.65	1.10

对于继电器触头，通常取

$$U_j = (0.5 \sim 0.8)U_s$$

如果已知触头允许通过的电流 I，那么，大致可以求得触头的允许接触电阻

$$[R_j] = U_j/I$$

即使在稳定工作状态，触头的接触电阻也不是恒值，而是随时间不断变化的(图 3-7)。因为触头表面受腐蚀性气体作用产生的薄膜，其厚度是与时俱增的，所以，R_j 也不断增大。然而，随着 R_j 的增大，U_j 也在增大，使能破坏薄膜的膜层电场强度和温度同时在增大。等到它们增至一定值时，薄膜就被破坏，R_j 随即骤降。在此之后，前述过程又重复发生。如果形成了足够坚固的薄膜，R_j 将增大到不能允许的地步。这时的触头温升已足以危害电器的绝缘，所以，必须注意防止产生这样的薄膜。

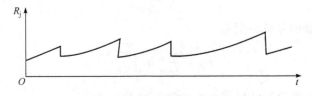

图 3-7　接触电阻随时间的变化

形成薄膜的主要原因是金属在大气中的腐蚀——氧化。在这方面铜的问题比银严重得多，所以，生产中常给铜触头镀银或在接触处嵌上银或银合金块。此外，还在结构上采取

措施使触头在通断过程中能自行破坏氧化膜，以减小接触电阻，线接触的触头便是这样。

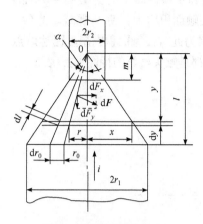

图 3-8　触头间的电动力

为了防止连接触头生成氧化膜，常在装配前在接触面上涂敷工业凡士林等防锈油脂来进行保护，但装配前应将它擦净，以免妨碍导电。近年来，在接触面上已广泛涂敷兼有降低接触电阻和保护接触面两种作用的导电膏。

3. 触头间的电动力

触头间的电动力相当于变截面载流体受到的电动力。当导体截面变化时，电力线会弯曲，而电动力 dF 是与电力线垂直的，所以，它恒指向截面变大的一侧(图 3-8)。此电动力有两个分量：径向分量 dF_x 和轴向分量 dF_y。前者是径向压力，后者是趋于在截面变化处将导体拉断的电动收缩斥力。

运用安培定律可以导出总电动力的轴向分量为

$$F_y = \int dF_y = \frac{\mu_0}{4\pi} i^2 \ln \frac{r_1}{r_2}$$

或

$$F_y = \frac{\mu_0}{4\pi} i^2 \ln \sqrt{\frac{A_1}{A_2}}$$

式中，r_1、r_2 分别为导体粗处和细处的半径；A_1、A_2 分别为导体粗处和细处的截面积。

由上两式可见：轴向电动力与导体粗细处的半径或截面积之比有关，而与一截面向另一截面过渡处的渐缩段的形状、尺寸以及电流的方向无关。如果导体有多个渐缩段，那么，当电流值一定时，总电动力只与最大截面和最小截面之比有关。显然，单点接触处导体截面的变化最大，当发生短路时，巨大的电动力很可能将触头斥开，并导致产生电弧或发生触头熔焊。

当接触压力为 F_j、触头材料的挤压强度为 σ、接触点数量为 n，且压力和电流都均匀分布时，触头的接触面积为

$$A_2 = \frac{F_j}{n\sigma}$$

所以，总电动力的轴向分量将变为

$$F_y = \frac{\mu_0 I_m^2}{4\pi n} \ln \sqrt{\frac{n\sigma A_1}{F_j}}$$

式中，I_m 为通过触头的电流的幅值；A_1 为触头的横截面积。

这样求出的电动斥力并不准确，因为接触面积在通过短路电流时不能保持不变，它往往是随电动力增大而减小。另外，作用于狭颈段的除轴向力外，还有箍缩效应引起的径向力。根据弹性力学原理，该段可能发生径向形变，以致出现附加轴向力，使 F_y 实际上比按

上式求出的大些。狭颈段的复杂形变结合很大的热负荷后，可能使其损坏，因为此处产生的高压金属蒸气也可能使触头分离。总之，电接触区的互相作用很复杂，其计算结果只能是近似的。

3.2.2　触头接通过程及其熔焊

触头的接通过程常伴随着机械振动，并因此在间隙内产生电弧。由于接通时负载电流往往较大，因此，接通电弧危害有时很严重，其中最危险的就是触头的熔焊。

1. 接通过程中的机械振动

接通时动触头以一定速度朝静触头运动，它们接触时就发生了机械碰撞。结果动触头被弹开，然后再朝静触头运动，多次重复发生碰撞。由于每碰撞一次都要损失部分能量，因此，振动幅度将逐渐减小(图3-9)。

除触头本身的碰撞外，电磁机构中衔铁与铁心接触时的撞击以及短路电流通过触头时产生的巨大电动斥力，都可能引起触头振动。

如图 3-10 所示，在接通过程中动触头以速度 v_1 朝静触头运动，并在 $t = t_1$ 时与其相撞。由于碰撞，触头接触面上将发生弹性及塑性形变。动触头具有的动能一部分消耗于接触面的摩擦和塑性形变，其余部分则转化为弹性形变势能。当形变达最大值 δ_m 时，形变势能最大，动触头的动能减小到零，运动中止。随后，触头形变转向恢复，释放形变势能，使动触头以速度 v_2 反向运动，即反弹运动。这时，接触弹簧被动触头压缩，并将部分动能转化为弹簧的弹性势能，当反弹力与弹簧的伸张力相等时，反弹过程就结束，动触头的反弹距离也达最大值 x_m。此后，动触头第二次朝静触头运动。如此周而复始，直到振动完全消失。

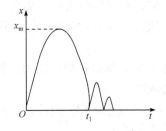

图 3-9　触头接通时的机械振动

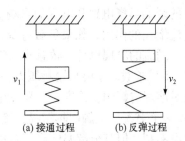

(a) 接通过程　　(b) 反弹过程

图 3-10　触头的机械振动过程

通过力学分析，得触头机械振动的最大幅度——第一次碰撞的反弹距离为

$$x_m = \frac{\sqrt{\left(\dfrac{F_0}{c}\right)^2 + (1-K)\dfrac{mv_1^2}{c}} - \dfrac{F_0}{c}}{1 + \dfrac{2}{\sqrt{1-K}}} \tag{3-6}$$

式中，F_0 为触头刚接触时的接触压力，即初压力；c 为弹簧刚度；m 为动触头的质量；v_1 为动触头第一次与静触头接触时具有的运动速度；K 为决定于触头材料弹性的碰撞损失系

数，对于钢、铁、银、黄铜和铜，其值依次为 0.5、0.75、0.81、0.87 和 0.95。

触头第一次振动的持续时间

$$t_1 = \frac{2mv_1\sqrt{1-K}}{F_0} \tag{3-7}$$

全部振动时间一般为(120%～130%)t_1。

适当减小动触头的质量和运动速度、增大触头初压力对减轻振动有益。然而，完全消除触头接通时的振动是不可能的，只要使 x_m 小于或等于触头接触面的形变，使振动不致使动静触头在碰撞时分离，振动就不会损害电器。

2. 触头的熔焊

动静触头因被加热而熔化以致焊在一起无法正常分开的现象称为触头的熔焊或热焊。它分为静熔焊与动熔焊。前者是连接触头或闭合状态下的转换触头于通过大电流时，因热效应和正压力的作用使 a 斑点及其邻域内的金属熔化并焊为一体的现象，其发生过程一般无电弧产生；后者是转换触头在接通过程中因电弧的高温作用使接触区局部熔化发生的熔焊现象。如果触头接通过程伴随有机械振动，由于电弧和金属桥的出现，发生动熔焊的可能性更大。闭合状态的转换触头被短路电流产生的巨大电动力斥开时，同样有可能发生动熔焊。

影响熔焊的因素主要有以下四点。

(1) 电参数。它包括流过触头的电流、电路电压和电路参数。导致熔焊的根本原因是通过触头的电流产生的热量。触头开始熔焊时的电流称为最小熔焊电流 I_{min}，它与触头材料、接触形式和压力、通电时间等许多因素有关。此电流通常用实验方式确定。线路电压对静熔焊的影响仍是电流的影响，对动熔焊则表现为电压越高越易燃弧，且电弧能量越大。电路参数的影响是指电感和电容的影响。接通电感性电路时，如果负载无源，那么，电感有抑制电流增长的作用；如果负载有源，那么，因启动电流很大而易发生熔焊。接通电容性负载时，涌流的出现也易导致触头熔焊。

(2) 机械参数。主要是接触压力，其增大可降低接触电阻，提高抗熔焊能力。触头闭合速度也对熔焊有影响，速度大，易发生振动，因此，也易发生熔焊。

(3) 表面状况。接触面越粗糙，接触电阻就越大，也越易发生熔焊。但接触面的氧化膜虽对导电不利，但其分解温度高，对提高抗熔焊能力却是有利的。

(4) 材料性质。影响熔焊的是材料品种、比热容、电导率和热导率。粉末冶金材料的抗熔焊能力一般较强。当动静触头采用不同材料时，就静熔焊而言，抗熔焊能力仅相对弱的一方有所提高；就动熔焊而言，不仅不能提高抗熔焊能力，有时还可能会降低。

3. 触头的冷焊

当触头在常温下因接触面上的氧化膜(它本来就不易生成)被破坏而纯金属接触面扩大时，因金属受压力作用使连接处的原子或分子结合在一起的现象称为冷焊。它一旦发生就很难处理，因为金属间的内聚力往往非微小的接触压力所能克服，况且弱电触头又常密封于外壳内，很难以其他手段使其分离。目前，一般通过实验防止发生冷焊，在触头及其镀层材料的选择方面可采取适当的措施。

3.2.3　触头分断过程及其电侵蚀

触头接通过程中虽然伴随着电火花或电弧的产生，但只要振动是无害的，而且是在非故障状态下闭合，电弧对触头危害就很小。分断过程则不同，因为它历时较长，在此期间，由于金属在触头间的转移和液态金属的溅射以及金属蒸气的扩散，将使触头材料有明显的损失，从而使触头和整个电器的使用期限都缩短了。

触头材料在工作过程中的损失称为侵蚀，按产生原因划分有机械侵蚀、化学侵蚀和电侵蚀。机械侵蚀由触头在通断过程中的碰撞和滑动等机械摩擦引起，化学侵蚀由触头表面的氧化膜破碎产生，机械侵蚀和化学侵蚀的侵蚀量都不大，仅占全部侵蚀的10%以下，一般不考虑。电侵蚀是触头通断过程中因电火花和电弧而产生的，它是触头损坏的主要原因，占全部侵蚀的90%以上。本节主要分析电侵蚀的一些重要现象和机理。

1. 电侵蚀的类型

电侵蚀有两种类型：桥蚀与弧蚀。触头在开断过程中，如果分断电流足够大，那么，分断点的电流密度可高达 $10^7 \sim 10^{12} \mathrm{A/m^2}$。于是，该点及其附近的触头表面金属材料将熔化，并在动静触头之间形成液态金属桥。当动静触头相隔到一定程度时，金属桥就断裂。由于其温度最高点偏于阳极一侧，因此，断裂也发生在近阳极处。这就使阳极表面因金属向阴极转移而出现凹陷，阴极表面出现针状凸起物，形成阳极电蚀。液态金属桥断裂使材料自一极向另一极转移的现象称为桥蚀或桥转移。触头每分断一次都出现一次桥蚀，只是转移的金属量很小。

液态金属桥断裂并形成触头间隙后，如果触头工作电流不大，那么，间隙内将发生火花放电。这是电压较高而功率却较小时特有的一种物理过程。较高的电压使触头间隙最薄弱处可能被强电场击穿，较小的功率则使间隙内几乎不可能发生热电离，最终只能形成火花放电。火花放电时电流产生的电压降可能使触头两端的电压下降到不足以维持气体放电所需的强电场，使放电中止。此后，气体又会因电压上升再度被击穿，重新发生火花放电。因此，火花放电呈间歇性，而且很不稳定。火花放电时是阴极向阳极发射电子，所以，将有部分触头金属材料自阴极转移到阳极，形成阴极电蚀。

如果液态金属桥断裂时触头工作电流较大，就会产生电弧。它是稳定气体放电过程的产物。电弧弧柱是等离子体，其中，正离子聚集在阴极附近成为密集的正空间电荷层，使该处出现很强的电场。质量较大的正离子被电场加速后轰击阴极表面，使其凹陷，相应地阳极表面会出现凸起物。或者说，阴极材料转移到了阳极，形成阴极电蚀。同时，在电弧高温作用下，阴极和阳极表面的金属都将局部熔化和蒸发，并在电场力作用下，溅射和扩散到周围中间，使材料遭受净侵蚀。

不论火花放电还是电弧放电，都使触头材料逐渐耗损，这就是弧蚀，它属于阴极电蚀。

2. 小电流下的触头电侵蚀

小电流下的触头电侵蚀表现为桥蚀和火花放电性质的弧蚀，因为产生电弧需要一定的电压和电流(表 3-5)。

表 3-5　最小燃弧电压和电流值

电极材料	银	锌	铜	铁	金	钨	钼
$U_{b_{min}}$/V	12	10.5	13	14	15	15	17
$I_{b_{min}}$/A	0.3~0.4	0.1	0.43	0.45	0.38	1.1	0.75
介质条件	相对湿度为45%的空气中	在大气中					

由实验可知，桥蚀中阳极材料的侵蚀程度可按下式计算：

$$V = aI^2$$

式中，V 为一次分断的材料体积转移量；I 为通过触头的电流；a 为转移系数。

表 3-6 给出了在无弧或无火花、线路电压小于最小燃弧电压、线路电感 $L < 10^{-6}$H 条件下，断开电路时的 a 值。表 3-6 中的 $I_b = I(1 - U_b/E)$ 为液态金属桥断裂时的电流，式中，I 为触头闭合时的电流，U_b 为对应于材料沸点的电压，E 为被分断电路的电动势。

表 3-6　部分金属的转移系数

金属或合金	金	银	铂	钯	金-镍(84-16)	金-银-镍(70-25-5)
$a/(10^{-12}\,\mathrm{cm^3A^{-2}})$	0.16	0.6	0.9	0.3	0.04	0.07
I_b/A	0.4	1~10	1.5~10	3.0	4.0	3~20

火花放电时触头材料的侵蚀量为

$$V = \gamma q$$

式中，q 为通过触头的电量；γ 为与材料有关的系数。

如果触头两端并联电容器，触头接通过程中也可能出现火花放电。在额定电压低于燃弧电压(270~300V)的低压电网中，如果电路含电感，分断时会因出现过电压而发生火花放电。为降低火花放电导致的电侵蚀，通常采用灭火花电路。

3. 大电流下的触头电侵蚀

大电流下的触头电侵蚀表现为弧蚀。触头在一次分断中被侵蚀的程度取决于电弧电流、电弧在触头表面上的移动速度和燃烧时间、触头的结构形式等，也与操作频率有关。在电流较大而操作频率不高时，触头的电侵蚀量与分断次数通常呈线性关系。此外，如果电流不是太大(在数百安以内)，触头电侵蚀量还与磁吹磁场有关。当磁吹磁场的磁感应强度 B 值较小时，电弧在触头表面移动的速度是随它一起增大的，故侵蚀量会减小，并在某一 B 值时达到最小。此后，当 B 值增大时，侵蚀量先增大，然后趋于一稳定值。因为在强磁场中会出现液态金属从触头向外喷溅的现象，而当磁场较弱时，有一部分液态金属还能重新凝固并残留在触头表面上。

由实验可知，如果触头操作次数为 n、分断的电流为 I，那么，以质量 m 来衡量的电侵蚀量为

$$m = KnI^{\alpha} \times 10^{-9}(\text{g})$$

式中，α 为与电流值有关的指数，当 $I = 100\sim200\text{A}$ 时，$\alpha = 1$，当 $I > 400\text{A}$ 时，$\alpha = 2$；K 为侵蚀系数，对于铜、银、银-氧化镉(85-15)合金和银-镍合金，其值分别为 0.7、0.3、0.15 和 0.1。

这类经验公式很多，但都有一定的适用范围。

4. 电侵蚀与触头的使用期限和超程

触头的接通和分断过程都伴随着其材料的侵蚀，其中，电侵蚀最严重。影响电侵蚀量的因素很多，现象和规律又十分复杂，涉及的学科也非常多，所以，还不能由此建立令人满意的数学模型。

电侵蚀直接影响到触头的使用期限，因为当触头材料耗损到一定程度后，它本身甚至整个电器都无法继续正常工作。这时，可认为触头的使用期限已经终结，而不必等到触头材料完全耗损。

触头的电侵蚀并不均匀，如果触头表面损伤过大以致接触电阻猛增、复合材料中某一成分丧失导致材料性能劣化等，都会使触头提前失效。

为保证触头在其规定使用期限内能正常运行，必须设有能够补偿其电侵蚀的超程。电器触头的超程值主要取决于其允许的最大侵蚀量。铜质触头常取超程值为一个触头的厚度。有银或银合金的触头则取超程值为两触头总厚度的 75% 左右。超程值的选取最终还要根据具体运行或试验情况确定。

有关"触头材料"的内容可扫描二维码 3-2 继续学习。

二维码 3-2

3.3　电弧的基本概念

3.3.1　电弧的产生过程及特点

1. 载流电路的开断过程

动静触头的接触是许多个点接触，而接触压力一般是由弹簧产生的。由于超程的存在，触头开始分断时，电路并没开断，仅仅是动触头朝着与静触头分离的方向运动。这时，接触压力逐渐减小，接触点和接触面积逐渐减少，接触电阻越来越大。等到只剩一个点接触的极限状态时，接触面积减到最小，电流密度非常大，因此，电阻和温升剧增。当触头接触电压增大到触头材料的融化电压时，触头虽仍闭合，但接触处的金属已处于熔融状态。此后，动触头继续运动，终于脱离，但动静触头间并没有形成间隙，由熔融的液态金属桥连接。触头再继续分开，金属桥被拉细，接触电压继续增大，同时液态金属的电阻率远大于固体金属的电阻率，所以，金属桥内热量高度集中。当触头接触电压增大到触头材料的

沸腾电压时，触头温度达到材料的沸点，并随即发生爆炸形式的金属桥断裂过程，触头间隙也形成了。

金属桥刚断裂时，间隙内充满着空气或其他介质及金属蒸气，它们都具有绝缘性质。于是，电流被瞬时截断，并产生过电压，将介质和金属蒸气击穿，使电流以火花放电甚至电弧的形式重新在间隙中流通。此后，随着动触头不断离开静触头以及各种熄弧因素作用，电弧终将转化为非自持放电并最终熄灭，使整个触头间隙成为绝缘体，触头分断过程结束。至此，触头已处于断开状态。

2. 电弧的形成过程

两个触头即将接触或开始分离时，只要它们之间的电压达 12～20V、电流达 0.25～1A，触头间隙内就会产生高温弧光，这就是电弧。它通常是有害的：因为其温度达几千 K，足以烧伤触头，使之迅速损坏；它也能使触头熔焊而破坏电器的正常工作，甚至会酿成火灾及人员伤亡等严重事故；它还会产生干扰附近通信设施的高次谐波。然而，电弧也有益处，一方面，电弧焊、电弧熔炼和弧光灯等设备利用电弧工作，另一方面，电器本身也可借助电弧来防止产生过高的过电压和限制故障电流。

1) 气体的电离

物质的原子由原子核和若干电子构成，电子在一定能级的轨道上环绕原子核旋转。离原子核越远，轨道能级越高。电子由于吸收外界能量克服原子核的吸引力而跃迁到更外层较高能级的轨道上去，此时，电子处于激励状态。或者再获得外界能量脱离原子核的束缚而逸出成为自由电子，或者以光量子的形式释放多余的能量而返回原轨道：

$$W = h\nu = E_1 - E_2$$

式中，W 为电子辐射的量子能；ν 为光辐射的频率；h 为普朗克常数，$h = 6.626 \times 10^{-34} \text{J/s}$；$E_1$、$E_2$ 分别为外轨道和内轨道的能级。

当电子受激励跃迁到特殊能级的轨道时，它能在激励状态持续 0.1～10ms，这就更易再次吸收外界能量而逸出。此类状态称为亚稳态，它在电离过程中起着主要作用。

如果电子获得足以脱离原子核束缚的能量，它便逸出成为自由电子，而失去电子的原子则成为正离子，这种现象称为电离。发生电离所需能量称为电离能 W_i，其值为

$$W_i = eU_i$$

式中，e 为一个电子的能量，$e = 1.6 \times 10^{-19} \text{C}$；$U_i$ 为电离电位。

使一个电子激励所需的能量称为激励能 W_e，它与电离能 W_i 均以电子伏 eV 为单位。表 3-7 中列举了部分气体和金属蒸气的 W_e 及 W_i 值，其中括号内的数值是使第 2 个、第 3 个、……电子激励或电离所需的能量值。

电离形式主要有表面发射和空间电离两种形式。

表面发射发生于金属电极表面，它分热发射、场致发射、光发射及二次电子发射等四种形式。

热发射出现于电极表面被加热到 2000～2500K 时，此时，电极表面的自由电子因获得足以克服表面晶格电场产生的势垒的能量而逸出到空间。一个电子从金属或半导体表面逸

出所需要的能量称为逸出功 W_f，部分电极材料元素的 W_f 值见表 3-7。

表 3-7　某些气体和金属蒸气的 W_e 和 W_i 值及电极材料元素的 W_f 值(eV)

元素	W_e	W_i	W_f	元素	W_e	W_i	W_f
氢	10.2(12.1)	13.54	—	镍		7.63	5.03
氮	6.3	14.55(29.5、47.73)	—	铜		7.72	4.6
氧	7.9	13.5(35、55、77)	—	锌	4.02(5.77)	9.39(18.0)	4.24
氟	—	17.4(35、63、87、114)	—	银		7.57	4.7
氩	11.5(12.7)	15.7(23、41)	—	镉	3.95(5.35)	9.0(16.9)	4.1
碳		11.3(24.4、48、65)	4.4	锡		7.33	4.38
钠	2.12(3.47)	5.14(47.3)		铬			4.6
铝		5.98	4.25	钨		798	4.5
铁	—	7.9	4.77	汞	4.86(6.67)	10.4(19、35、72)	4.53

　　场致发射是因电极表面存在的强电场使表面势垒厚度减小而令电子借隧道效应逸出的现象。

　　光发射是光和各种射线照射于金属表面，使电子获得能量而逸出的现象。

　　二次电子发射是指正离子高速撞击阴极或电子高速撞击阳极引起的表面发射。一般是阴极表面的二次电子发射较强，并在气体放电过程中起着重要作用。

　　空间电离发生在触头间隙内，它有光电离、碰撞电离(电场电离)和热电离等三种形式。

　　光电离发生在电子辐射的量子能大于其电离能时，光辐射的频率 ν 越高，光电离便越强。可见光通常不引起光电离。

　　带电粒子在场强为 E 的电场中运动时，它在两次碰撞之间的自由行程 λ 上可获得动能

$$W = qE\lambda$$

式中，q 为带电粒子的电荷量。

　　碰撞电离是中性粒子被所携带动能大于其电离能的带电粒子碰撞产生的电离。由于电子的自由行程大，因此，引起碰撞电离的主要是电极发射或空间中性粒子电离时释放的电子。有时，碰撞能量不足以使中性粒子电离，只能使其处于激励状态或使电子附于中性粒子上成为负离子。必须注意，此处所谓碰撞并不是指机械(直接)碰撞，而是指电磁场的互相作用。

　　热电离是气体粒子由于高速热运动相互碰撞而产生的电离。在室温下，产生热电离的可能性极小。只有当温度高达 3000～4000K 以上时，气体的热电离才显著起来。温度越高，气体的热电离度越高。

　　实际电离过程不是单一形式的，而是各种电离形式的综合表现。

　　2) 消电离及其形式

　　电离气体中带电粒子自身消失或失去电荷变为中性粒子的现象称为消电离。电离与消

电离是同时存在也同时消亡的矛盾统一体。

消电离有复合和扩散两种形式。

两带异性电的带电粒子彼此相遇后失去电荷成为中性粒子的现象称为复合，包括表面复合与空间复合两种形式。电子进入阳极或负离子接近阳极把电子转移给阳极，以及正离子接近阴极从它取得电子时，这些带电粒子均失去电荷化为中性粒子。当电子接近不带电的金属表面(图 3-11(a))或负离子接近(图 3-11(b))时，它们将因金属表面感应而生的异性电荷作用被吸附于其上，一旦附近出现带异性电的带电粒子，这些粒子便互相吸引，复合形成中性粒子。即使带电粒子到达绝缘体表面，由于感应所生极化电荷的作用，也会发生类似于出现在金属表面的复合过程。上述这些发生在带电或不带电物体表面的复合过程统称为表面复合。如果正离子和电子在极间空隙内相遇(图 3-11(c))，它们将复合成为一个中性粒子，这就是直接空间复合。如果电子在空间运动中被一中性粒子俘获形成一负离子，然后再与正离子相遇复合成为两个中性粒子(图 3-11(d))，这就是间接空间复合。

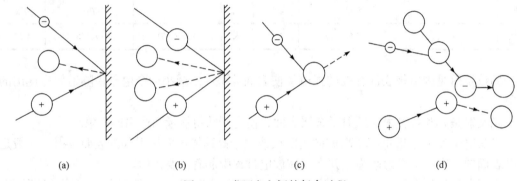

(a)　　　　　　　　(b)　　　　　　　　(c)　　　　　　　　(d)

图 3-11　表面和空间的复合过程

复合的概率与气体性质及纯度有关。例如，惰性气体和纯净的氢气及氮气都不会与电子结合成为负离子，而氟原子及其化合物(如 SF_6 气体)就具有极强的俘获电子的能力，因此，SF_6 被称为电负性气体，它是一种良好的灭弧介质。

带电粒子在复合时将释放出部分能量，后者或被用来加热物体的表面(表面复合时)，或被用来增大所形成中性粒子的运动速度及以光量子形式向周围空间辐射(空间复合时)。

带电粒子从高温高浓度处移向低温低浓度处的现象称为扩散。它能使电离空间内的带电粒子减少，所以，有助于熄灭电弧。

带电质点流入异性电极而中和也是一种消电离，但这种过程可能引起新的电离，例如，二次发射等。

3) 气体放电过程

如果在两电极之间施加电压，当逐渐增大电压 U 至一定值时，就会发生间隙内的气体放电现象。图 3-12 所示即为直径 10cm、间隙为数厘米、气压约 133Pa 的低气压放电管气体放电的静态伏安特性。

在 OA 段，外施电压极低，由外界电离因素(如阴极被加热和各种射线的作用)产生的带电粒子还难以全部到达阳极，所以，电流 i 虽随电压 u 上升而增大，但其值极微小。在 AB 段，随着电压增大，电流已达饱和值，但该值仍由因外界电离因素的作用从阴极释放的电子数所决定。在 *BC* 段和 *CD* 段，由于电压继续增大已导致场致发射和二次电子发射以及不太强的碰撞电离，因此，电流又在增大，开始很慢(*BC* 段)、然后较快(*CD* 段)。然而，在整个 *OD* 段，如果无外界电离因素的作用，间隙内就没有自由电子，放电也将终止，所以，此阶段称为非自持放电阶段。

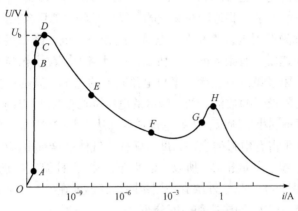

图 3-12　气体放电的静态伏安特性

当电压升到 *D* 点时，场致发射及二次电子发射的电子已很多，以致除去外界电离因素后仍可借空间的碰撞电离维持放电，所以，气体放电已有质的变化，进入了自持放电阶段。于是，电流增长迅速，并且放电伴随有不强的声光效应。对应于 *D* 点的电压是决定自持放电的主要因素，它称为气隙的击穿电压 U_b。

在气体间隙的击穿过程中，先是阴极发射的电子在电场作用下向阳极运动，并在此过程中通过碰撞产生许多新的电子和正离子。电子运动速度大，多集中在前进方向端部；正离子则反之，处在尾部，这种形式的分布称为电子雪崩。随着雪崩数量增多及其端部和尾部分别向阳极和阴极发展，间隙内就形成了自阴极至阳极的离子化通道，即气隙的击穿。

汤逊最先研究了 *CE* 段的放电现象，所以，该段被称为汤逊放电区。但即使是自持性汤逊放电也是无光的，所以，称为无光放电或黑暗放电。从 *E* 点至 *F* 点称为过渡阶段，放电由无光转向有辉光，电流也在增大。由于碰撞电离增强，为维持放电所需的电压反而降低了。在此阶段内，阴极附近的正离子部分被中和，阴极区电压降也逐渐降低。在 *FG* 段，放电电流继续增大，辉光放电向着扩张到整个阴极表面发展，所以，电流密度不大(约 0.1A/m^2)，而且稳定，并使阴极区电压降也较稳定，其值约数百伏。在 *GH* 段，由于电流和电流密度均在增大，阴极区电压降和维持放电所需电压也增大，这个阶段被称为异常辉光放电阶段。

从 *H* 点开始，气体放电已进入弧光放电阶段，它伴随着强烈的声光和热效应。这时，电流密度已高达 10^7A/m^2 以上，所以，放电通道温度极高(在 6000K 以上)。放电形式以热电离为主，阴极区电压降较小，只有几十伏。

自持放电形式很多，例如，无光放电、辉光放电、电晕放电、火花放电和弧光放电(电弧)等。但它们是否转化为弧光放电以及如何转化，要受到许多客观因素的影响。

3. 电弧的外观与本质

从外表来看，电弧是存在于电极(触头)间隙内的一团光度极强、温度极高的火焰。电弧形成时，阴极表面有一块或若干块光度特别强的区域——阴极斑点，它的温度常为阴极材料的气化温度，电流密度也达 $10^7 A/m^2$ 以上。在电弧电流本身磁场作用下，此斑点在阴极表面不断移动，并发射电子。临近阴极斑点的一段极短的电弧区(约等于电子的平均自由行程，即小于 $10^{-6}m$)称为近阴极区，其中，电弧光度较小，电压降却很大。阴极发射的电子在此区域内被电场加速后具有很大能量，所以，一旦与中性粒子相撞常可使之电离。与此对应，阳极表面也有阳极斑点，它接受来自电弧间隙的电子。其附近也有称为近阳极区的薄层，但厚度约为近阴极区的数倍。两近极区的电压降均在 20V 以内，且几乎与电流值无关。但近阴极区厚度特别小，所以，该处电位梯度高达 $10^8 \sim 10^9 V/m$。两近极区之间的一段电弧称为弧柱，它几乎占有电弧的全部长度。弧柱内气体已全部电离(但同时也不断在进行消电离)，且正负带电粒子电量相等，所以，是等离子区。弧柱温度特别高，中心温度达$(1 \sim 3) \times 10^4 K$，所以，特别明亮；弧柱外层有一层晕圈，其温度在$(0.5 \sim 4) \times 10^3 K$ 范围内，所以，较红暗。图 3-13 所示为电弧的构造和温度分布。

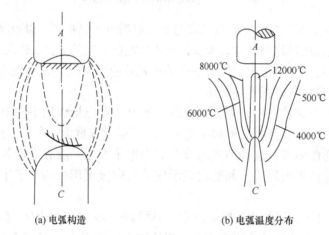

(a) 电弧构造　　　　　　　(b) 电弧温度分布

图 3-13　电弧的构造和温度分布

综上所述，可知电弧——弧光放电是自持放电的一种形式，也是它的最终形式。从本质上来看，电弧是生成于气体中的炽热电流、是高温气体中的离子化放电通道，是充满着电离过程和消电离过程的热电统一体。

3.3.2　电弧的方程和特性

1. 电弧的电压方程

电弧电压 U_h 降沿弧长并非均匀分布，而是包括近阴极区电压降 U_c、近阳极区电压降 U_a 和弧柱区电压降 U_p，即

$$U_h = U_c + U_a + U_p \tag{3-8}$$

两近极区电压降基本不变，故以 $U_0 = U_c + U_a$ 表示，并称为近极区压降；弧柱区内的电场强度 E 又接近恒值，约 $(1\sim5)\times10^3\mathrm{V/m}$，在特殊介质内还可达 $(10\sim20)\times10^3\mathrm{V/m}$，故电弧电压

$$U_h = U_0 + El \tag{3-9}$$

式中，l 为弧柱区长度，可近似地取它为整个电弧的长度。

图 3-14 给出了电弧各区域内的电压和电场强度的分布。

2. 直流电弧的伏安特性

从电路角度看，电弧是非线性电阻，阻值随电流及其他因素而变化。伏安特性是电弧的重要特性之一，它表示电弧电压与电弧电流间的关系。图 3-15 是直流电弧的伏安特性。当外施电压达到燃弧(击穿)电压 U_b、电流也达到燃弧电流 I_b 后，电弧就产生了，而且随着电流的增大电弧电压反而降低。这是因为电流增大会使弧柱内热电离加剧、离子浓度加大，所以，维持稳定燃弧所需电压反而减小，这种特性称为负阻特性。

燃弧电压和燃弧电流与电极材料以及间隙内的介质有关。当直流电器触头分断时，如果电压和电流均超过表 3-5 所列数值，将产生电弧。

图 3-15 中曲线 1 是在弧长不变的条件下逐渐增大电流测得的。实际上曲线起点 U_b 不在纵轴上(图 3-12)。如果从 $I_A = I_1$ 处开始减小电流，由于电弧本身的热惯性，电弧电阻的增大总是滞后于电流的变化。例如，当电流减至 $I_A = I_2$ 时，电弧电阻大致仍停留在 $I_A = I_1$ 时的水平

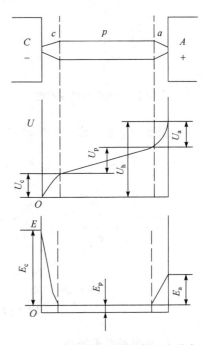

图 3-14　电弧的电压和电场强度分布

上，所以，曲线 2 位于曲线 1 下方。电流减小越快，曲线 2 位置越低；在极限情况下，即电流减小速度为无穷大时，电弧温度、热电离程度、弧柱直径和尺寸均来不及变化，伏安特性也就变成过坐标原点的曲线 3 了。电流减小时伏安特性与纵轴相交处的电压 U_e 称为熄弧电压。除非在极限场合，即电流无限缓慢减小时，都有 $U_e < U_b$。

3. 交流电弧的伏安特性和时间特性

交流电弧与直流电弧不同。交流电流的瞬时值随时间变化，所以，交流电弧伏安特性(图 3-16)与直流电弧伏安特性不同，因为交变电流总是随着时间变化，

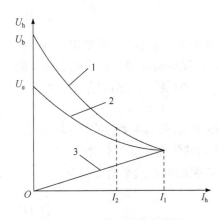

图 3-15　直流电弧伏安特性

所以，伏安特性只能是动态的。值得注意的是交变电流每个周期有两次自然通过零值，而电弧也通常在电流过零时自行熄灭。如果不能熄灭，则另一半周内电弧将重燃，且其伏安

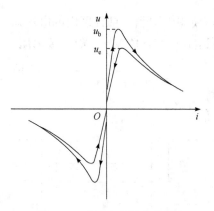

图 3-16　交流电弧伏安特性

特性与原特性是关于坐标原点对称的。

交流电弧电压和电流随时间的变化如图 3-17 所示。现以电阻性负载时的特性为例加以说明。当电弧电流 i_h 过零时，因电源电压 u 与之同相，且电弧电阻又很大，故电弧间隙上的电压实际上等于电源电压。随着电源电压的上升，弧隙电流不断增大，电弧电阻就逐渐减小，等到弧隙电压上升到燃弧电压时，间隙便被击穿，重新燃弧。此后电弧电阻继续减小，使电弧呈现负阻性，所以，电弧电压反而因电流增大而下降，并趋于某定值 u_h。在半周即将结束时，为维持电弧电流，电弧电压又要升高。到某一时刻，电弧电压已不能维持电弧电流，电弧就熄灭，$i_h = 0$，而电弧电压又和电源电压一样。

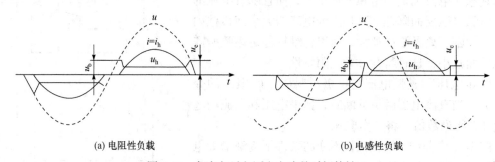

(a) 电阻性负载　　　　　　　　　　　　(b) 电感性负载

图 3-17　交流电弧电压和电流的时间特性

4. 电弧的能量平衡

电弧的功率为

$$P_h = U_h I_h = U_0 I_h + El I_h \tag{3-10}$$

按 U_0 和 El 在 U_h 中所占比例将电弧分为长弧与短弧。如果 U_0 在 U_h 中占主要地位，电弧就是短弧；反之，则是长弧。短弧的能量损耗转化为热能，并经电极和与其连接的金属件散往周围介质。长弧的能量损耗可近似地认为转化为热能，并经弧柱散往周围介质。对于一般工业电器而论，弧柱的散热具有重要意义。

弧柱是高温等离子体。燃弧时的弧柱温度通常为 $(4 \sim 20) \times 10^3 K$，熄弧时则仅有 $(3 \sim 4) \times 10^3 K$。弧柱温度与电极材料、灭弧介质种类和压力以及其冷却作用的强烈程度等有关。

如果用 Q_h 表示电弧能量、P_d 表示电弧散出的功率，电弧的动态热平衡方程为

$$\frac{\mathrm{d}Q_h}{\mathrm{d}t} = P_h - P_d \tag{3-11}$$

如果 $\mathrm{d}Q_h/\mathrm{d}t > 0$，即 $P_h > P_d$，说明电弧能量在增大，使燃弧更加炽烈；反之，如果 $\mathrm{d}Q_h/\mathrm{d}t < 0$，即 $P_h < P_d$，说明电弧能量在减小，电弧将趋于熄灭；当 $\mathrm{d}Q_h/\mathrm{d}t = 0$，即 $P_h = P_d$ 时，电弧能

量达到平衡，并且稳定地燃弧。了解电弧的电压方程和能量平衡关系，有利于分析各种灭弧方法和装置。

3.4　电弧的熄灭原理

3.4.1　直流电弧的熄灭原理

直流电流通常含电阻 R 和电感 L，当其中的触头间隙内产生电弧时(含电弧的直流电路，如图 3-18 所示)，如果用 U 表示电源电压，i_h 表示电弧电流，那么电压平衡方程为

$$U = i_h R + L\frac{\mathrm{d}i}{\mathrm{d}t} + u_h \tag{3-12}$$

在绘制电弧伏安特性曲线(图 3-19)的同时，再作电路工作特性曲线 $u = U - iR$。后者为连接纵轴上的点 U 与横轴上的点 $I = U/R$ 的、斜率为 $\tan\alpha = R$ 的线段。它与电弧伏安特性曲线交于 A、B 两点，故 A、B 两点是电路在有电弧时的两个工作点。在此两点时，电源电压 U 的一部分降落在电路的电阻上，另一部分降落在电弧电阻上(即电弧电压 u_h)，而

$$L\frac{\mathrm{d}i}{\mathrm{d}t} = U - iR - u_h \tag{3-13}$$

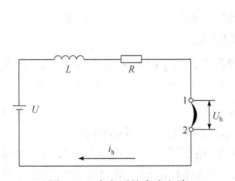

图 3-18　含电弧的直流电路

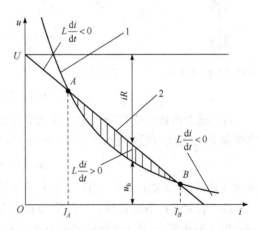

图 3-19　直流电弧燃弧点及熄灭条件

1-电弧伏安特性曲线；2-电路工作特性曲线

下面判断 A、B 两个工作点是否均为稳定燃弧点。设电路工作于 A 点，即电流为 I_A。由图 3-18 可见，当电流有一增量 $\Delta i > 0$ 时，$L\mathrm{d}i/\mathrm{d}t > 0$，电弧电流继续增大；反之，当电流有一增量 $\Delta i < 0$ 时，$L\mathrm{d}i/\mathrm{d}t < 0$，电弧电流将继续减小。因此，$A$ 点不可能是稳定燃弧点。经分析，B 点将是电路的稳态工作点，即稳定燃弧点。所以，要熄灭电弧就必须消除稳定燃弧点。

1. 熄灭直流电弧的方法

为了熄灭直流电弧，消除直流电弧的稳定燃弧点。提高电弧电压使直流电弧的伏安特

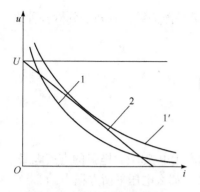

图 3-20　直流电弧灭弧原理
1、1'-电弧伏安特性曲线;
2-电路工作特性曲线

性曲线位于电路工作特性曲线 $u = U - iR$ 的上方,使电弧电压 u_h 与电阻电压降 iR 之和超过电源电压 U,从而使电弧无法稳定燃烧。因此,按电弧电压方程(3-9)及电压平衡方程(3-12),可采取下列技术措施。

(1) 拉长电弧或对其实行人工冷却。此二者在原理上都是借增大弧柱电阻使电弧伏安特性曲线上移,与电路工作特性曲线 $u = U - iR$ 脱离,由原来的曲线 1 变为曲线 1'(图 3-20)。因此,可增大纵向触头间隙(图 3-21(a)),也可借助电流本身的磁场或外加磁场从法向吹弧来拉长电弧(图 3-21(b)),或借助磁场使弧斑沿电极上移(图 3-21(c))。这些措施除能机械地增大电弧长度 l 外,还能使电弧在运动中不断与新鲜冷却介质接触而增大弧柱电场强度 E,从而增大弧柱电压降。

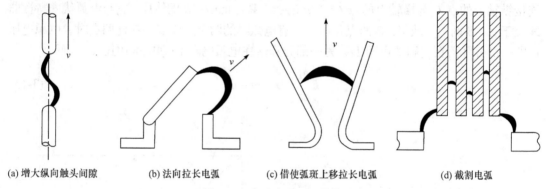

(a) 增大纵向触头间隙　　(b) 法向拉长电弧　　(c) 借使弧斑上移拉长电弧　　(d) 截割电弧
图 3-21　直流电弧灭弧措施

(2) 增大近极区电压降。如果在灭弧室内设置若干垂直于电弧的栅片(如 n 片),那么,电弧被驱入灭弧室后将被它们截割为 $n+1$ 段短弧(图 3-21(d)),所以,电弧电压降为

$$u_h = (n+1)U_0 + El \tag{3-14}$$

这比无栅片时增大了 nU_0,所以,也能起到使电弧伏安特性曲线上移的作用。

(3) 增大弧柱电场强度。具体措施有增大气体介质的压强、增大电弧与介质间的相对运动速度、使电弧与温度较低的绝缘材料紧密接触以加速弧柱冷却、采用加 SF_6 气体等具有强烈消电离作用的特殊灭弧介质以及采用真空灭弧室等。

2. 分断直流电路时的过电压

分断直流电路时,电弧熄灭的瞬间有 $i = 0$ 及 $u_h = U_e$,所以,式(2-12)变成了

$$U = L\frac{\mathrm{d}i}{\mathrm{d}t} + u_h = L\frac{\mathrm{d}i}{\mathrm{d}t} + U_e \tag{3-15}$$

出现在触头间隙上的过电压为

$$\Delta U = U_e - U = -L\frac{\mathrm{d}i}{\mathrm{d}t} \tag{3-16}$$

它与电流减小的速度，即灭弧强度有关。灭弧能力越强，电流减小就越快，过电压也越高。

由式(3-16)能导出燃弧时间计算公式

$$t_b = L \int_I^0 \frac{1}{\Delta U} di \tag{3-17}$$

此式适合用图解积分法求解，即先作 $f(i) = 1/\Delta U$ 曲线，再求曲线在由 I 至 0 一段内包围的面积，最后乘以电感值 L。显然，线路的电感越大，其所储存并需要经由电弧间隙散出的能量也越大，因此，灭弧越困难，所需时间也越长。

决定过电压的因素主要是灭弧强度：过强会导致很高的过电压，过低将延长灭弧时间。为防止分断电感性负载时出现过高的、危及绝缘或导致电弧重燃的过电压，必须采取限制措施。如果给负载并联一电阻 R_s(图 3-22(a))，那么，切断电流时应有

$$L \frac{di}{dt} + (R + R_s)i = 0$$

将初始条件($t = 0$ 时，$I = I_0 = U/R_s$)代入上式并求解，可得

$$i = I_0 e^{-\frac{R+R_s}{L}t}$$

所以，负载两端电压为

$$U_{ab} = iR_s = R_s I_0 e^{-\frac{R+R_s}{L}t}$$

当 $t = 0$ 时，弧隙两端过电压的最大值为

$$U_{max} = U + U_{ab} = U + R_s I_0$$

选择适当的 R_s 值可将过电压降低到容许的水平，但为避免增大功率损耗，应给并联电阻 R_s 串联一个二极管 VD(图 3-22(b))。

有时也采用双断口电路(图 3-22(c))来降低过电压。分断时，断口 C_1 先分断，C_2 后分断。由于断口 C_2 和电阻 R_s 的存在，断口 C_1 处的电弧就容易熄灭。断口 C_2 处的电弧则因 R_s 的限流作用，并且它又被设计为具有较小的灭弧强度，所以，也易熄灭。这种电路多用于高压系统。

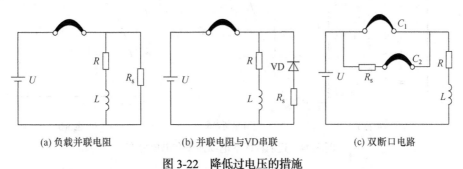

(a) 负载并联电阻　　　　　(b) 并联电阻与VD串联　　　　　(c) 双断口电路

图 3-22　降低过电压的措施

3.4.2　交流电弧的熄灭原理

只要电弧电流等于零就可认为直流电弧已熄灭，除非弧隙被过电压重新击穿。交流电弧则不然，因为其电流会自然过零。此后同时进行着弧隙介质恢复过程和弧隙电压恢复过

程。如果介质强度恢复速度始终高于电压恢复速度，弧隙内的电离必然逐渐减弱，最终，使弧隙呈完全绝缘状态，电弧也不会重燃。否则，弧隙中的电离将逐渐加强，当带电粒子浓度超过某一定值时，电弧就重燃。因此，交流电弧熄灭与否需视电弧电流过零后介质恢复速度是否超过电压恢复速度而定。如图 3-23 所示，当介质恢复速度(曲线 1)始终超过电压恢复速度(曲线 3)时，由于 $u_{jf} > u_{hf}$，电弧不会重燃。反之，当介质恢复速度在某些时候(曲线 2)小于电压恢复速度时，电弧还会重新燃烧，即电弧没能熄灭。

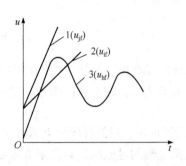

图 3-23　介质恢复过程和电压恢复过程

1. 弧隙介质恢复过程

交流电弧电流自然过零后，开始弧隙介质恢复过程，但弧隙介质恢复过程在近阴极区和弧柱区情况不同。

1) 近阴极区的介质恢复过程

如图 3-24 所示的弧隙，电弧电流过零前，弧隙两端的电极左正右负。电弧电流过零时，弧隙两端的电压也过零。电弧电流过零后，弧隙两端的电极立即改变极性。在新的近阴极区内外，电子运动速度为正离子的成千倍，所以，它们在弧隙两端的电极变为左负右正时(图 3-24(a))，就迅速离开而移向新的阳极，使此处仅留下正离子。同时，新阴极正是原来的阳极，附近正离子并不多，难以在新阴极表面产生场致发射以提供持续的电子流。新阴极在电流过零前后的温度已降低到热电离温度以下，也难以借助热发射提供持续的电子流。因此，电流过零后只需经过 0.1～1μs，就可在近阴极区获得 150～250V 的介质强度(具体量值视阴极温度而定，温度越低，介质强度越高)。E 和 u 在弧隙中的分布规律如图 3-24(b)和 3-24(c)所示。

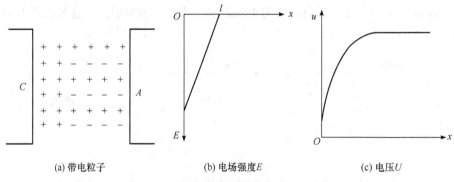

(a) 带电粒子　　　　　(b) 电场强度 E　　　　　(c) 电压 U

图 3-24　近阴极区的电场强度和电压分布

如果在灭弧室内设若干金属栅片，将进入灭弧室内的电弧截割成许多段串联的短弧，那么，电流过零后每一短弧的近阴极区均将立即出现 150～250V 的介质强度(由于弧隙热惯性的影响，实际介质强度要低一些)。当它们的总和大于电网电压(包括过电压)时，电弧就熄灭。

在近阴极区出现的这种现象称为近阴极效应，综合利用截割电弧和近阴极效应灭弧的方法称为短弧灭弧原理，它广泛用于低压交流开关电器。

2) 弧柱区的介质恢复过程

零休时间是电弧电流自然过零前后的数十微秒内电流已接近零的一段时间。由于热惯性的影响，零休期间电弧电阻 R_h 并非无穷大，而是因灭弧强度不同呈现不同量值。

弧隙电阻非无穷大意味着弧隙内还有残留的带电粒子和它们形成的剩余电流，所以，电源仍向弧隙输送能量。当后者小于电弧散出的能量时，弧隙内温度降低，消电离作用增强，弧隙电阻不断增大，直到无穷大，也就是弧隙变成了具有一定强度的介质，电弧也将熄灭。反之，如果弧隙取自电源的能量大于其散出的能量，R_h 将迅速减小，剩余电流不断增大，使电弧重新燃烧，这就是热击穿。

热击穿是否存在还不是交流电弧是否能熄灭的唯一条件。不出现热击穿象征着热电离已基本停止，但当弧隙两端的电压足够高时，仍可能将弧隙内的高温气体击穿，重新燃弧，这就是电击穿。因此，交流电弧电流自然过零后的弧柱区介质恢复过程可分为热击穿和电击穿两个阶段。交流电弧的熄灭条件则可归结为：在零休期间，弧隙的输入能量总小于输出能量，因而无热积累；在电流过零后，恢复电压又不足以将已形成的弧隙介质击穿。

研究弧柱区的介质恢复过程对交流长弧的熄灭有重要意义，因为它几乎是所有高压开关电器和部分低压开关电器设计的理论基础。

2. 弧隙电压恢复过程

在交流电路中，如果某一次电流过零后电弧熄灭，那么，由于电路已被分断，电源电压将加到弧隙上，弧隙两端的电压将由零或反向的电弧电压上升到此时的电源电压，这一电压上升过程称为电压恢复过程，此过程中的弧隙电压称为恢复电压。

电压恢复过程进展情况与电路参数有关。分断电阻性电路(图 3-25(a))时，电弧电流 i 与电源电压 u 同相，所以，电流过零时电压也是零。这样，电流过零后作用于弧隙的电压——恢复电压 u_{hf} 将从零开始按正弦规律上升，而无暂态分量，只有稳态分量——工频正弦电压。

如果分断电感性电路(图 3-25(b))因电流滞后于电源电压约 90°，那么，电流过零时电源电压正好为幅值。因此，电流过零后加在弧隙上的恢复电压将从零跃升到电源电压幅值，并在此后按正弦规律变化。这时的恢复电压含上升很快的暂态分量。分断电容性电路(图 3-25(c))时，因电流超前电源电压约 90°，电流过零时电压也处于幅值，故电容被充电到约为电源电压幅值的电压，且因电荷在电路分断后无处泄放而保持着此电压，所以，电弧电流为零时，恢复电压有一个几乎很少衰减的暂态分量和一个工频正弦稳态分量，并且是从零开始随着 u 的变化逐渐增大，最终达到约二倍电源电压幅值。

实际的电压恢复过程要复杂得多，它受到被分断电路的相数、一相的断口数、线路工作状况、灭弧介质和灭弧室构造及分断时的初相角等许多因素的影响。因为电路多是电感性的，所以，分析电压恢复过程也以电感性电路为例。

为便于分析，只讨论理想弧隙的电压恢复过程，并设电路本身的电阻为零，且在此过程(约数百微秒)中电源电压不变。考虑到电源绕组间的寄生电容、线路的对地电容和线间电

容(其总值为 C), 则电路的电压方程为

$$u = U_{gm} = L\frac{di}{dt} + u_{hf} = LC\frac{d^2 u_{hf}}{dt^2} + u_{hf}$$ (3-18)

式中, U_{gm} 为工频电源电压的幅值; u_{hf} 为弧隙上的恢复电压。

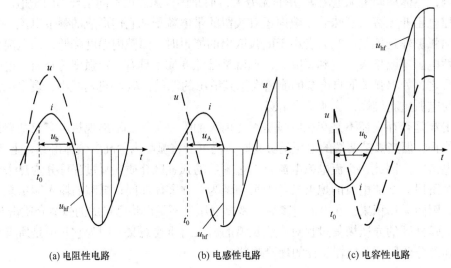

(a) 电阻性电路   (b) 电感性电路   (c) 电容性电路

图 3-25   分断不同性质电路时的恢复电压波形

t_0-触头分断时刻

其解为

$$u_{hf} = A\cos\omega_0 t + B\sin\omega_0 t + U_{gm}$$

式中, A、B 均为积分常数; ω_0 为无损耗电路的固有振荡角频率 $\omega_0 = 1/\sqrt{LC}$。

当电弧电流过零($t = 0$)时, $u_c = 0$, $du_{hf}/dt = 0$, 所以, 积分常数 $A = -U_{gm}$, $B = 0$。于是,

$$u_{hf} = U_{gm}(1 - \cos\omega_0 t)$$ (3-19)

此电压 u_c 就是弧隙上的恢复电压 u_{hf}, 它含稳态分量 U_{gm} 和暂态分量 $U_{gm}\cos\omega_0 t$。因此, 电压恢复过程是角频率为 ω_0 的振荡过程(图 3-26(a))。

实际电路总是有电阻的, 即 $R \neq 0$, 同时, 电弧电阻在电流过零前后也不会等于零和无穷大, 所以, 电压恢复过程是有衰减的振荡过程(图 3-26(b))。

3. 交流电弧的熄灭

综上所述, 交流电弧的熄灭条件是在零休期间不发生热击穿, 此后弧隙介质恢复过程总是胜过电压恢复过程, 即不发生电击穿。从灭弧效果来看, 零休期间是最好的灭弧时机: 一方面, 这时弧隙的输入功率接近零, 只要采取适当措施加速电弧能量的散发以抑制热电离, 即可防止因热击穿引起电弧重燃; 另一方面, 这时线路所储能量很小, 需借电弧散发的能量不大, 不易因出现较高的过电压而引起电击穿。反之, 如果灭弧非常强烈, 在电流自然过零前就"截流", 强迫电弧熄灭, 将产生很高的过电压, 即使不会影响灭弧, 对线路

及其中的设备也很不利。因此，除非有特殊要求，交流开关电器多采用灭弧强度不过强的灭弧装置，使电弧在零休期间且在电流首次自然过零时熄灭。

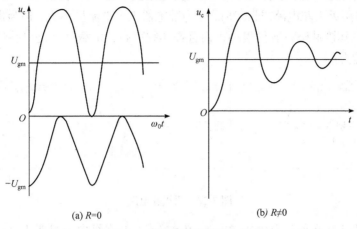

(a) $R=0$　　　　　　　　(b) $R \neq 0$

图 3-26　电感性电路的恢复电压

交流电弧未必都能在电流首次自然过零时熄灭，有时需经 2～3 个半周才熄灭。如图 3-27 所示，触头刚分离($t = t_0$)时，弧隙很小，u_h 也不大。所以，电流在首次过零($t = t_1$)前，其波形基本上仍是正弦波，且在电流过零处比电源电压滞后为 $\varphi_1 \approx 90°$。这时，介质强度 u_{jf} 不大，当恢复电压 $u_{hf} > u_{rh1}$ 时，弧隙被击穿，电弧重燃。

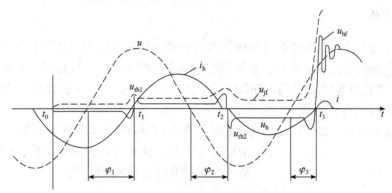

图 3-27　分断交流电路时的各弧隙参数波形图

在第二个半周，弧隙增大了，u_{hf} 和 u_{jf} 均增大，电流再过零($t = t_2$)时的滞后角 $\varphi_2 < \varphi_1$。由于 u_{jf} 还不够大，在 $u_{hf} > u_{rh2}$ 时，弧隙再次被击穿，电弧又重燃。此后，因弧隙更大，当 $t = t_3$(电流第三次过零)时，$\varphi_3 < \varphi_2$，且 u_{jf} 始终大于 u_{hf}，电弧不再重燃，电弧被熄灭，交流电路也完全切断了。

3.5　灭　弧　装　置

电弧在触头间的燃烧危及电器本身和它所在系统的安全可靠运行，为了减少电弧对触头的烧损和限制电弧扩展空间，必须采用适当灭弧装置来加速并可靠地熄灭电弧。

1. 灭火花电路

为了保护直流继电器的触头系统，降低其电侵蚀、提高其分断能力，进而保证其安全可靠运行，可采用灭火花电路(图 3-28)。因为继电器工作电流虽不大，但为提高灵敏度和减小体积及重量，其接触压力取得很小，而且操作频率高，负载又多是电感性的，所以，必须增强其灭弧能力。

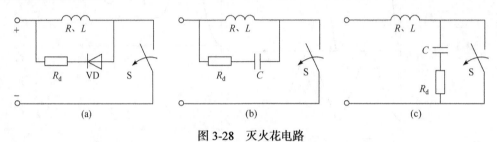

图 3-28　灭火花电路

灭火花电路并联在负载上(图 3-28(a)、(b))，或并联在继电器触头上(图 3-28(c))作为放电回路。线路 a、b 中放电电阻 R_d 是负载电阻 R 的 5～10 倍，二极管 VD 的反峰电压是电源电压(峰值)的 2 倍，而放电电容 C 与负载电感 L 间应满足 $L < C(R+R_d)^2/4$，以防止发生振荡。线路 a 对连接极性有要求。线路 c 中取 $C = 0.5～2\mu F$、$R_d = U_c^2/a$，其中，U_c 为电容器端电压，a 为与触头材料有关的系数，例如，银触头取 $a = 140$。

2. 简单灭弧

依靠在大气中分开触头来拉长电弧使其熄灭的方法称为简单灭弧。它借机械力或电弧电流本身产生的电动力拉长电弧，并使其在运动中不断与新鲜空气接触为其冷却。这样，随着弧长 l 和弧柱电场强度 E 的不断增大，电弧伏安特性曲线因电弧电压 u_h 增大而上移。当 $u_h > U - iR$ 时，电弧熄灭。

低压电器中的刀开关和直动式交流接触器都有利用简单灭弧原理的产品。为保护触头，有时还设弧角，使电弧在弧角上燃烧，同时为限制电弧空间扩展有时也设置灭弧室。

3. 磁吹灭弧装置

当需要较大的电动力驱使电弧进入灭弧室时，可采用专门的磁吹线圈(图 3-29)来产生附加的磁场。它通常有 1 匝至数匝，与触头串联。为使磁场较集中地分布在弧区以增大吹弧力，线圈中央穿有铁心，其两端平行地设置夹着灭弧室的导磁钢板。串联磁吹线圈的吹弧效果在触头分断大电流时很明显，分断小电流时则不明显。

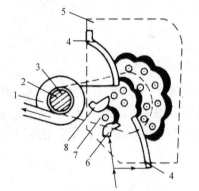

图 3-29　串联磁吹线圈

1-磁吹线圈；2-绝缘套；3-铁心；4-导磁夹板；
5、7-动触头；6、8-静触头

4. 弧罩与纵缝灭弧装置

这种灭弧装置利用吹弧线圈产生的吹弧力将电弧驱入用耐弧材料(石棉、水泥、陶土等)制成的具有纵缝的灭弧室中进行灭弧。灭弧室可以限制弧区扩展并加速冷却以削弱热电离,纵缝使电弧进入后在与缝壁的紧密接触中被冷却。

纵缝灭弧装置分为单纵缝、多纵缝和纵向曲缝(图 3-30)。纵缝多采取下宽上窄的形式,以减小电弧进入时的阻力。多纵缝的缝隙很窄,且入口处宽度是骤变的,所以,仅当电流很大时卓有成效。纵向曲缝兼有逐渐拉长电弧的作用,所以,其效果更好。这种灭弧方式多用于低压开关电器,偶尔用于 3~30kV 的高压开关电器。

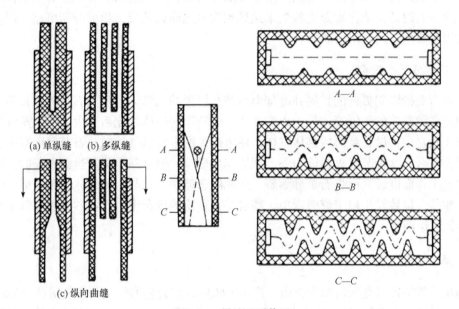

图 3-30　纵缝灭弧装置

5. 栅片灭弧装置

栅片灭弧装置(图 3-31)有绝缘栅片与金属栅片两种:前者借拉长电弧并使电弧与绝缘栅片紧密接触而迅速冷却;后者借将电弧截割为多段短弧,利用增大近极区电压降(特别是交

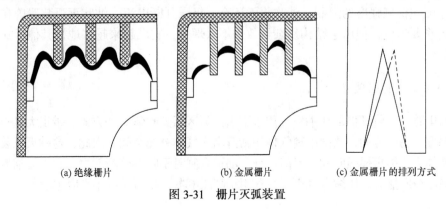

图 3-31　栅片灭弧装置

流时的近阴极效应)来加强灭弧效果。金属栅片是钢质，它有将电弧吸引和冷却的作用，但其 V 形缺口是偏心的，且要交错排列以减小对电弧的阻力。

栅片灭弧装置适用于高低压直流和交流开关电器，低压交流开关电器用得较多。

6. 固体产气灭弧装置

利用材料的产气性质进行灭弧的灭弧装置称为固体产气灭弧装置。以低压封闭管式熔断器为例，它是利用能产生气体的固体绝缘材料兼作绝缘管和灭弧室。电路发生短路时，熔体窄部迅速熔化和汽化，形成多个串联短弧，而绝缘管就在电弧高温作用下迅速分解汽化，产生压强达数 MPa 的含氢高压气体。电弧就在近阴极效应和高压气态介质共同作用下很快熄灭，有时甚至能在短路电流尚未达到预期值之前就截流，提前分断电路。固体产气灭弧装置主要用于高低压熔断器。

7. 石英砂灭弧装置

利用石英砂限制弧柱的扩展并冷却电弧使其熄灭的灭弧装置称为石英砂灭弧装置。石英砂填充在熔断器的绝缘管内作为灭弧介质。熔断器的熔体熔化后产生的金属蒸气被石英砂所限无法自由扩散，就形成高压气体，使电离了的金属蒸气扩散至石英砂缝隙内，在该处冷却并复合。这种装置灭弧能力强，截流作用显著。但分断小倍数过载电流时，可能因熔体稳态工作温度较高而将石英砂熔解，形成液态玻璃，并与金属熔体作用生成绝缘性能差的硅酸盐，以致发生稳定燃弧现象，特别是在直流的场合中。石英砂灭弧装置也是主要用于高低压熔断器。

8. 油吹灭弧装置

油吹灭弧装置以变压器油为介质。产生电弧后，它会使油气化为含氢量达 70%～80% 的气体，后者与占总体积约 40% 的油蒸气共同形成油气泡，使电弧在其中燃烧。油吹灭弧主要是利用氢气的高导热性和低黏度以加强对弧柱的冷却作用，利用油气为四周冷油所限不能迅速膨胀而形成的 0.5～1MPa 高压以加强介质强度，以及利用因气泡壁各处油的气化速度不同产生的压力差使油气做紊乱运动，将刚生成的低温油气引至弧柱以加速其冷却。油吹灭弧的燃弧时间有一最大值，与之对应的电流称为临界电流，其值因灭弧装置结构而异。由于弧室机械强度的限制，油吹灭弧还有一极限开断电流。油吹灭弧装置曾在高压断路器中占重要地位，但由于结构复杂且效果不太理想，它已越来越多地被其他形式的灭弧装置所取代。

9. 压缩空气灭弧装置

开断电路时，将预储的压缩空气用管道引向弧区猛烈吹弧。一方面，带走大量热量、降低弧区温度；另一方面，吹散电离气体用新鲜高压气体补充空间。因此，这种灭弧装置既能提高分断能力、缩短燃弧时间，又能保证自动重合闸时不降低分断能力。它虽无临界电流，但仍有极限分断能力。压缩空气灭弧装置用于高压电器。然而，近年来应用较少。

10. 六氟化硫(SF₆)气体灭弧装置

SF_6 气体因共价键型的完全对称正八面体分子结构而具有强电负性，非常稳定。它无色、无臭、无味、无毒、既不燃也不助燃、一般无腐蚀性。在常温常压下 SF_6 的密度是空气的 5 倍，分子量也大，所以，其热导率虽低于空气，但热容量大，总的热传导仍优于空气。

SF_6 气体化学上很稳定，仅在 100℃ 以上才与金属有缓慢作用；热稳定性也很好，150～200℃ 以上开始分解。在 1727～3727℃ 时，它逐渐分解出 SF_4、SF_3、SF_2、SF 等气体分子，高于此温度则分解出 S 和 F 单原子和离子。在电弧的高温作用下，少量 SF_6 气体会分解产生 SOF_2、SOF_4 和 SO_2F_2 等有毒物，其含量随含水量的增大而增大。因此，通过干燥、提高纯度、设吸附剂和采取安全措施可降低有毒物含量，况且它们在温度降低后只需数十微秒又可化合为 SF_6 气体。由于分解物不含 C 原子，SF_6 的介质恢复速度极快；且又因分子中不含偶极矩，对弧隙电压的高频分量也不敏感。SF_6 分子还易俘获自由电子形成低活动性的负离子，后者自由行程小，行动缓慢，不易参与碰撞电离，复合概率高。总之，SF_6 气体的绝缘和灭弧性能均非常好。

概括起来，SF_6 气体作为灭弧介质具有下列优点：①它在电弧高温下生成的等离子体电离度很高，所以，弧隙能量小，冷却特性好；②介质强度恢复快，绝缘及灭弧性能好，有利于缩小电器的体积和重量；③基本上无腐蚀作用；④无火灾及爆炸危险；⑤采用全封闭结构时易实现免维修运行；⑥可在较宽的温度和压力范围内使用；⑦无噪声及无线电干扰。SF_6 气体的主要缺点是易液化(-40℃ 时，工作压力不得大于 0.35MPa；-35℃ 时不得大于 0.5MPa)，而且在不均匀电场中其击穿电压会明显下降。

SF_6 气体灭弧装置已广泛用于高压断路器，同时，此气体还广泛用于全封闭式高压组合及成套设备中作为灭弧和绝缘介质。

11. 真空灭弧装置

以真空作为绝缘及灭弧手段，将触头在真空中开断的灭弧装置称为真空灭弧装置。当灭弧室真空度在 $1.33×10^{-3}$Pa 以下时，电子的自由行程达 43m，发生碰撞电离的概率极小。因此，电弧是靠电极蒸发的金属蒸气电离生成的。如果电极材料选用得当，且表面加工良好，金属蒸气就既不多又易扩散，那么，真空灭弧效果比其他方式都强得多。

真空灭弧具有下列优点：①触头开距小(10kV 级的仅需 10mm 左右)，所以，灭弧室小，所需操作力也小，动作迅速；②燃弧时间短到半个周期左右，且与电流大小无关；③介质强度恢复快；④防火防爆性能好；⑤触头使用期限长，适用于操作频率高的场合。其缺点主要是截流能力过强，灭弧时易产生很高的过电压。

目前，高低压电器都发展了采用真空灭弧装置的工业产品。

12. 无弧分断

上述灭弧装置都是在产生电弧后再灭弧，触头不可避免地会受到电弧的烧蚀而受损。如果触头分断时不产生电弧，可以大大延长触头的寿命。实现无弧分断一般有两种方法：①在交变电流自然过零时分断电路，同时以极快的速度使动静触头分离到足以耐受恢复电压的距离，使电弧很弱或不产生；②给触头并联晶闸管，并使其承担电路的通断，而触头只在稳态下工作。

1) 同步开关

同步开关的设计原则是使开关在电流将自然过零时(如 1ms 前)分断，并加速触头运动，使之在电流过零时已有一定间距。这样，灭弧就能在电流很小、燃弧时间很短、弧隙介质恢复强度很高的条件下进行。带压缩空气灭弧装置的同步开关原理结构如图 3-32 所示。

正常工作时，电容器 C 由充电电路充电。如果运行中发生短路，那么，过流继电器 KA 触头闭合，接通饱和电流互感器 TA 的二次电路。当一次电路(即待分断电路)电流很大时，TA 铁心处于饱和状态，其二次绕组几乎无输出；而当电流自然减至一定值时，铁心转入非饱和状态，二次绕组有输出。于是，同步触发装置 TS 给出触发脉冲，令晶闸管导通，而电容器 C 经 VS 对静止线圈放电。该线圈电流产生强大的磁通，使金属盘出现感应电流。它与线圈电流互相作用，产生轴向电动斥力 F，使金属盘连同动触头一起右移。

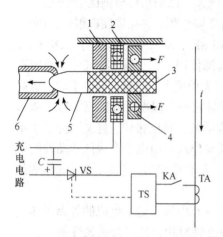

图 3-32　同步开关原理结构

1-导向件；2-静止线圈；3-绝缘杆；
4-金属盘；5-动触头；6-静触头

同时，压缩空气也吹向弧隙，使其介质强度于电流过零后迅速恢复。这就实现了无弧分断或在很弱的电弧下分断。

2) 混合式开关

混合式开关的设计原则是给触头并联晶闸管，并使其承担电路的通断，而触头只在稳态下工作。以混合式交流接触器为例，它有电压触发式和电流触发式两类(图 3-33)。对于电压触发混合式交流接触器，在断开状态下，由于继电器触头 KA 是断开的，虽然晶闸管 VT_1、VT_2 均有外施电压，但是门极无触发信号，故都是截止的；在运行时，又因 a、b 两点间的电压是接触器主触头 KM 的电压降，它小于晶闸管导通电压，虽有门极触发信号，晶闸管仍截止。但在接通过程中 KA 先于 KM 闭合，故晶闸管先导通，主触头后闭合；而在分断过程中，KA 比 KM 后断开，使晶闸管因被加上电源电压而导通，并承担全部负载。待 KA 分断后，晶闸管也因无门极信号随即截止，切除负载。这样，就基本上实现了无弧通断。

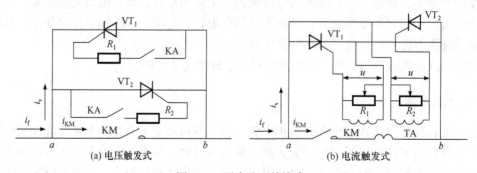

图 3-33　混合式开关线路

第4章 电器的电磁机构理论

电磁机构是由磁系统和励磁线圈组成，用来进行电磁转换的电器部件。电磁机构中的磁系统主要由磁导体和工作气隙所组成的闭合磁路组成。电器的电磁机构主要是通过励磁线圈使磁系统磁化，产生电磁吸力吸引衔铁，使其运动输出机械功，从而达到某些预定目的。电磁机构同时具有能量转换和控制两方面的作用：电磁机构进行能量转换方面，通过线圈从电源吸取能量并借助衔铁的运动输出机械功；电磁机构进行控制方面，通过线圈输入电磁信号并借助衔铁的运动输出指令。

电磁机构的用途非常广泛，它可用于电器中作为电器的感测元件(接受输入信号)、驱动机构(实行能量转换)以及灭弧装置的磁吹源。它既可以单独成为一类电器(如牵引电磁铁、制动电磁铁、起重电磁铁和电磁离合器等)，也可作为电器的部件(如各种电磁开关电器和电磁脱扣器的感测部件、电磁操作机构的执行部件)。

本章主要讨论各种电磁机构的特性、磁路的基本定律和计算任务、磁导和磁路的计算方法、吸力特性与反力特性的配合。

4.1 电磁机构的基本概念

4.1.1 电磁机构的种类和特性

1. 电磁机构的种类

电磁机构的种类很多，其分类方法如下。

(1) 按线圈电流的种类分为直流电磁机构、交流电磁机构、含永久磁铁电磁机构和交直流同时磁化电磁机构。

(2) 按线圈的连接方式分为并励电磁机构和串励电磁机构。

(3) 按衔铁与线圈的相对位置分为外衔铁式电磁机构(图 4-1(a)~(f))和内衔铁式电磁机构(图 4-1(g)、(h))。

(4) 按导磁体的形状分为 U 形电磁机构(图 4-1(a)~(c))、E 形电磁机构(图 4-1(d)~(f))和螺线管式电磁机构(图 4-1(g)、(h))。

(5) 按动铁心或衔铁的运动方式分为直动式电磁机构(图 4-1(a)、(b)、(d)、(e)、(g)、(h))和转动式电磁机构(图 4-1(c)、(f))。

2. 电磁机构的静态吸力特性和动态特性

电磁机构是一种依靠电磁吸力使衔铁产生机械位移而输出机械功的电工装置，电磁力 F 与衔铁位移 x 或工作气隙 δ 的关系 $F = f(\delta)$ 是电磁机构的基本特性。如果衔铁绕某个固定轴转动,则电磁机构的基本特性是使衔铁转动的电磁力矩 M 与衔铁的角位移 α 之间的关系 $M = f(\alpha)$。这类特性称为吸引特性或吸力特性。严格地说,这种吸力特性应称为静态吸力特性,因为它是在电路参数保持不变、或者衔铁无限缓慢地运动的条件下获得的。但衔铁运动时电路参数总是会变化的,所以,在衔铁的运动过程中只有动态特性。

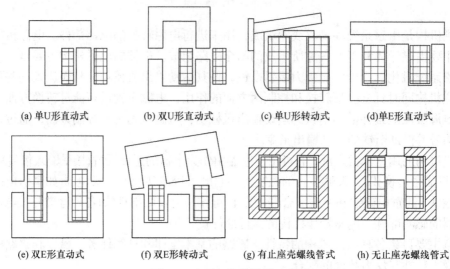

(a) 单U形直动式　　　(b) 双U形直动式　　　(c) 单U形转动式　　　(d) 单E形直动式

(e) 双E形直动式　　　(f) 双E形转动式　　　(g) 有止座壳螺线管式　　(h) 无止座壳螺线管式

图 4-1　电磁机构的结构示意图

不同结构的电磁机构有不同的静态吸力特性,简称吸力特性。在线圈通电情况下,作用在动铁心或衔铁上的电磁力与工作气隙长度有关,其吸力特性呈非线性,而且随着工作气隙的增大电磁机构所产生的电磁吸力减小(图 4-2)。

电磁机构的动态特性包括励磁电流 i、磁通 Φ、磁链 ψ、电磁吸力 F、衔铁运动速度 v 等参数在衔铁吸合(向铁心运动)或释放(离开铁心)过程中与衔铁位移 x 或时间 t 之间的关系以及衔铁位移与时间的关系。直流并励电磁铁的励磁电流 i、衔铁运动速度 v 和行程 x 等与时间 t 之间的关系如图 4-3 所示。图中的符号 I_c、I_w、I_k 分别表示触动电流、稳态电流和开释电流;x_{max} 表示衔铁的最大行程;t_c、t_x 和 t_d 分别表示衔铁吸合过程中的触动时间、吸合运动时间和动作时间;t_k、t_f 和 t_s 分别表示衔铁释放过程中的开释时间、返回运动时间和释

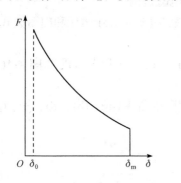

图 4-2　电磁机构的吸力特性

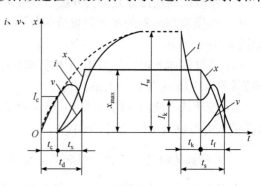

图 4-3　电磁机构的动态特性

放时间。

3. 电磁机构的反力特性

电磁机构的衔铁在运动过程中要克服机械负载的阻力而做功，习惯上把这种阻力称为反作用力，并用 F_f 表示。反作用力与工作气隙的关系 $F_f = f(\delta)$ 称为机械特性或反力特性，它也是电磁机构的基本特性。

不同控制对象的电磁机构有不同的反力特性，几种典型的反力特性如图 4-4 所示。

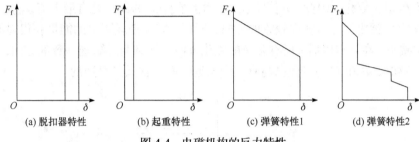

（a）脱扣器特性　　（b）起重特性　　（c）弹簧特性1　　（d）弹簧特性2

图 4-4　电磁机构的反力特性

虽然反力特性是电磁机构的负载特性，但电磁机构的设计是以此为依据的，所以，将它作为电磁机构的一种特性来处理。

4.1.2　磁性材料的基本特性

磁性材料是具有铁磁性质的材料，其最大特点是具有比其他材料高数百至数万倍的磁导率，同时其磁感应强度与磁场强度之间存在着非常复杂的非线性关系。常用的磁性材料有铁、镍、钴、钆等元素以及它们的合金。

1. 磁畴、各向异性和居里点

磁性材料内部有许多称为磁畴的小区域，它们能自发地磁化到饱和状态。无外界磁场时，磁畴的磁场因排列杂乱无章而对外不显磁性。一旦有了外界磁场，它们便整体转向，使磁性材料强烈磁化。

铁磁物质单晶的磁化呈各向异性性质。例如，铁的单晶体沿侧面 100°方向很容易磁化，沿平面对角线 110°方向磁化就困难些，沿立体对角线 111°方向很难磁化(图 4-5)。

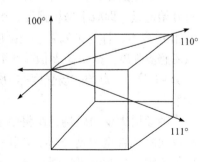

每种磁性材料都有特定的临界温度值——居里点。如果温度超过该值，那么，磁性材料就会因磁畴消失而变成顺磁性材料。不同的材料有不同的居里点，例如，铁的居里点是 770℃，钴的居里点是 1120℃，镍的居里点是 358℃。磁性材料的工作温度不允许接近其居里点。

图 4-5　磁性材料磁化的各向异性

2. 磁化曲线与磁滞回线

如果将磁性材料去磁后，施加外磁场，使磁场强度 H 由零逐渐增大，磁感应强度 B 也从零开始增大。如图 4-6 所示，在 Oa 段，磁化是通过磁畴界壁转移而进行，使顺外磁场方向的磁畴增多，逆外磁场方向的磁畴减少。由于此阶段磁化不消耗能量，因此，过程是可逆的，而且 B 与 H 成正比，也即 $\mu = \text{const}$ 并与 H 无关。在 ab 段，磁化通过磁畴的磁化方向突然做 $90°$ 的转变而进行，所以，要消耗一定的能量，并且过程不可逆。由于此刻磁畴方向变化突然，磁化曲线上升不平滑，呈现阶梯现象。在此阶段微弱的外磁场变化即可使磁感应强度发生很大变化，因此，μ 值特别大，并且在中间的某一处有最大值 $\mu_{\max}$。到 bc 段，磁畴均已从容易磁化的方向转向较难的方向，所以，需要消耗更多的能量和很强的外磁场，而 μ 值却在减小。在 c 点以后，所有磁畴的磁化方向已转到与外磁场一致的方向，也即到了饱和状态。这时，B 随 H 的变化已与真空中相近，而过程又是可逆的。

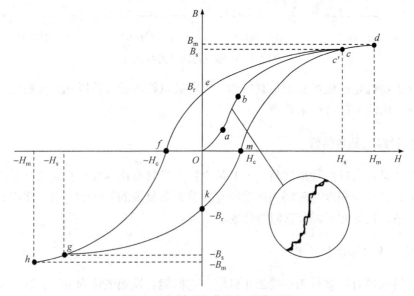

图 4-6　起始磁化曲线与磁滞回线

用去磁的磁性材料磁化所得的 $B = f(H)$ 曲线称为起始磁化曲线。从此曲线开始饱和的 c 点开始退磁，即减小磁场强度，由于过程是不可逆的，B 值将沿 ce 段变化。对应 c 点的 B 值用 B_s 表示，称为饱和磁感应强度；对应 e 点(H 值已减小到零)的 B 值用 B_r 表示，称为剩余磁感应强度。欲要使 B 值减小到零，就需要施加反向磁场，而 B 值将沿 ef 段变化。对应于 $B = 0$ 这一 f 点的磁场强度称为矫顽力 $-H_c$。B_s 值、B_r 值以及 $-H_c$ 值是磁性材料的主要特征参数。

继续增大反向磁场，B 将沿 fg 段变化，并在 g 点达到反向饱和。从这一点起逐渐减小反向磁场直至 H 等于零，B 就沿 gk 段变化到 $-B_r$。再加正向磁场，B 还会沿 km 段变化到等于零，这时的磁场强度 H_c 也称为矫顽力。进一步增大正向磁场，B 值又从零开始增大，并在 c' 点达到饱和。多次重复上述过程即可得到一个基本上闭合的曲线，称其为磁滞回线。

在实际工作时，磁导体并非从去磁状态开始磁化，所以，磁化曲线不能用于实际计算。在计算中所用的磁化曲线是由许多不饱和对称磁滞回线的顶点连接而成的基本磁化曲线(图 4-7)。不同的磁性材料有不同的起始和基本磁化曲线。基本磁化曲线忽略了不可逆性而保留了饱和非线性特征，具有平均意义，所以，又称平均磁化曲线。根据励磁电流种类不同，基本磁化曲线分为直流磁化曲线和交流磁化曲线，它们分别适用于直流磁路计算和交流磁路计算。

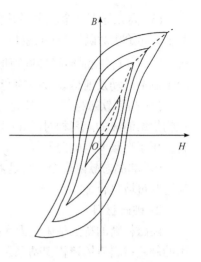

图 4-7　基本磁化曲线

3. 铁损和损耗曲线

交流励磁时，磁导体中有因磁滞和涡流现象导致的功率损耗，称为铁损。此损耗与励磁电流的频率有关。当频率增大时，磁滞回线变宽，表明磁滞损耗增大；同时，由于感应电动势增大，涡流损耗也将增大。铁损还与磁感应强度有关，磁感应强度越大，铁损也越大，其关系也是非线性的。

尽管铁损可用各种公式计算，但因其准确度不高，也不够便利，所以，工程上多用损耗曲线(图 4-8)进行计算。此曲线将铁损表示为磁感应强度和频率的函数，而且是单位质量材料的铁损。由于曲线得自实验，因此，其准确度较高。

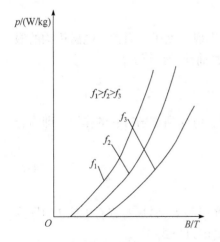

图 4-8　磁性材料的损耗曲线

4. 磁性材料的分类

按特征参数可以把磁性材料分为硬磁材料和软磁材料。前者的矫顽力大，可达数十万 A/m，而且磁滞回线很宽；后者矫顽力小，可小到百分之几 A/m，同时磁滞回线很窄。

1) 软磁材料

软磁材料的特点是矫顽力小($H_c < 10^2 A/m$)，磁导率高，剩磁也不大，所以，磁滞现象不明显。常用的有以下五种。

(1) 电工纯铁。它包括电解铁、羰基铁和工程纯铁等，其特点是电阻率小，所以，仅用作直流电磁机构的磁导体。其特征参数有：$\mu_{r_{max}} = (7 \sim 143) \times 10^3$ ($\mu_{r_{max}}$ 为最大相对磁导率)；$H_c = 1.2 \sim 64A/m$。

(2) 硅钢。它含硅元素 0.8%～4%。硅元素的作用在于促进碳化铁分解，使钢还原成铁以增大磁导率、减小矫顽力和磁滞损耗、增大电阻率和减少涡流损耗、阻止磁性老化并改善工艺性。因此，硅钢适用于交流电磁机构。其特征参数有：$H_c < 64 \sim 96A/m$；$\mu_{r_{max}} > 3500 \sim 4500$。它通常被制成板材或带材。

(3) 高磁导率合金。主要是含镍 35%～80% 的铁镍合金——坡莫合金。经特殊处理后，其 μ_{r_0} (起始相对磁导率)可达 $(1\sim2)\times10^4$，$\mu_{r_{max}}$ 可达 $(1\sim2)\times10^5$，而 H_c 却仅有 2A/m。因为 $B_r\approx B_s$，所以，磁滞回线接近矩形。它的缺点是电阻率较小，且不能承受机械应力。它主要用于制造自动及通信装置中的变压器、继电器以及在弱磁场中有特高磁导率的电磁元件。

(4) 高频软磁材料。主要是习惯上称为铁淦氧的铁氧体。它是铁的氧化物与其他金属氧化物烧结而成的。其相对磁导率仅数千，但矫顽力小(数 A/m)，且电阻率比铁大数百万倍。它适用于高频弱电电磁元件。

(5) 非晶态软磁合金。它是液体过渡态的合金，其磁性能与坡莫合金相似，而机械性能却远胜过坡莫合金。

2) 硬磁材料

硬磁材料的特点是矫顽力大 $(H_c > 10^4 A/m)$，磁滞回线宽，而且最大磁能积 $(BH)_m$ 大。常用的硬磁材料有铸造铝镍钴系及粉末烧结铝镍钴系材料。此外，还有钡、锶和铁的氧化物烧结的铁氧体材料。20 世纪 60 年代末又发展了由部分稀土族元素与钴形成的金属间化物——稀土钴系材料，例如，钐钴、镁钴和镁钐钴等，它们具有较大的矫顽力和磁能积，$H_c = (270\sim660)\times10^3 A/m$，$(BH)_m = (60\sim160)\times10^3 J/m^3$。

第二代稀土永磁材料——钕铁硼，具有更大的矫顽力和磁能积，价格更便宜，其磁性能远高于稀土钴系材料。

充磁后的硬磁材料能长期保持较强的磁性，可以用来制作永久磁铁。

4.1.3　电磁机构中的磁场及其路化

当电磁机构的励磁线圈通电以后，其周围的空间就出现了磁场。通常，电磁机构的磁场都是三维场，其计算非常复杂。因此，有必要寻求一种简捷的计算方法。

1. 磁场的基本物理量

一个电量为 q 的带电粒子以速度 u 在磁场中运动时，将受到磁场对它的作用，即洛仑兹力的作用。此力为

$$\boldsymbol{F} = q\boldsymbol{v} \times \boldsymbol{B} \tag{4-1}$$

式中，$\boldsymbol{B}$ 表征磁场性质的磁感应强度矢量。

洛仑兹力 $\boldsymbol{F}$ 的方向与 $\boldsymbol{v}$、$\boldsymbol{B}$ 方向之间的关系如图 4-9(a)所示。磁场对载有电流 I 的导体元 $d\boldsymbol{l}$ 的作用力由安培力公式

$$d\boldsymbol{F} = Id\boldsymbol{l} \times \boldsymbol{B}$$

所决定。磁场对整根载流体 l 的作用是

$$\boldsymbol{F} = \int d\boldsymbol{F} = I \int_0^l d\boldsymbol{l} \times \boldsymbol{B} \tag{4-2}$$

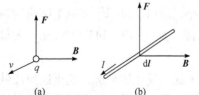

图 4-9　磁场对运动电荷及载流体的作用　　其方向与 $d\boldsymbol{l}$、$\boldsymbol{B}$ 方向之间的关系如图 4-9(b)所示。

磁场对电流的作用与产生磁场的原因无关，不论它是电路中宏观电流产生的，还是电真空器件中电子流产生的，效果完全一样。

如果将一个与磁感应强度 B 垂直的电流元 Idl 引入磁场，而电流元又不会使原磁场畸变，那么

$$B = \lim_{Idl \to 0} \frac{dF}{Idl} \qquad (4\text{-}3)$$

可见磁感应强度相当于作用在载有单位电流的单位长度导体上的、可能的最大磁场力。整个磁场可借场域内各点的磁感应强度来描述，但场内各点的 B 通常具有不同的量值和方向，所以，B 是空间坐标函数，即 $B = B(x、y、z)$。

磁力线是人为地引出以利于磁场分析的一种曲线，其每一点的切线方向与该点 B 矢量的方向一致，并且规定该点磁力线的密度与 B 值成正比。因此，磁力线能形象地表示磁场性质。

磁通量是矢量 B 通过某个面 A 的磁通

$$\Phi = \int_A B \cdot dA \qquad (4\text{-}4)$$

它表示磁场的分布情况。通常取磁力线的数量与 Φ 的量值相等，所以，磁力线也称磁通线，而磁感应强度则称磁通密度。

同一电流所建立磁场的磁感应强度将因磁介质不同而异，这对磁场计算很不方便，所以引入磁场强度

$$H = \frac{B}{\mu} = \frac{B}{\mu_r \mu_0} \qquad (4\text{-}5)$$

式中，μ、μ_r、μ_0 分别为磁介质的磁导率、相对磁导率和真空磁导率。

磁感应强度 B、磁场强度 H、磁通 Φ 和磁导率 μ 都是磁场的基本物理量。

2. 磁场的基本性质

磁场的一个重要性质是穿越磁场内任一封闭曲面的磁通恒等于零，即进入该曲面的磁通恒等于从该曲面穿出的磁通，磁力线是连续的。该性质称为磁通连续性定理，其数学形式为

$$\oiint_A B \cdot dA = 0 \qquad (4\text{-}6)$$

式中，dA 的方向是封闭曲面在 dA 处的外法线方向(图 4-10(a))。磁通连续性定理的微分形式为

$$\text{div} B = 0 \qquad (4\text{-}7)$$

磁感应强度 B 的散度等于零揭示了磁场的一个重要性质——磁场是无源场，而磁力线为闭合曲线。

磁场的另一个重要性质是磁场强度 H 沿任一闭合回路 l 的线积分等于穿越该回路界定面积的所有电流的代数和。该性质称为安培环路定理，其数学形式为

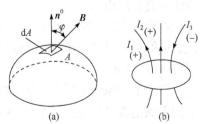

图 4-10　封闭曲面方向和电流方向

$$\oint_l \boldsymbol{H} \cdot \mathrm{d}\boldsymbol{l} = \sum I \tag{4-8}$$

闭合回路界定的面积的方向按右手螺旋定则确定。凡与该面积方向一致的电流取正号，反之取负号(图 4-10(b))。

安培环路定理反映磁场与建立其宏观传导电流间的关系。它的微分形式是

$$\mathrm{rot}\boldsymbol{H} = \boldsymbol{J} \tag{4-9}$$

式中，$\boldsymbol{J}$ 为电流密度矢量。

对有旋场中的各点谈磁位毫无意义，但对磁场中 $\boldsymbol{J}=0$ 的区域也可看成位场，这样就可引入一种没有物理意义的纯计算量——标量磁位 U_M(在不会与电位混淆处可用 U 表示)，并通过

$$\boldsymbol{H} = -\mathrm{grad}U_M \tag{4-10}$$

来定义。

公式(4-10)的积分形式(图 4-11(a))是

$$\int_{U_P}^{U_Q} \mathrm{d}U = \int_Q^P \boldsymbol{H} \cdot \mathrm{d}\boldsymbol{l} \tag{4-11}$$

式中，P、Q 为磁场中任意两个点；U_P、U_Q 分别为 P、Q 两点的磁位。

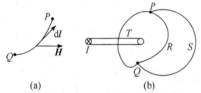

(a)　　　　　　(b)

图 4-11　磁场中的磁位

在图 4-11(b)中，P、Q 两点间的标量磁位差称为磁压降

$$U = U_P - U_Q = \int_P^Q \boldsymbol{H} \cdot \mathrm{d}\boldsymbol{l} \tag{4-12}$$

因为此二路径形成的闭合回路环绕的面积无电流穿越，所以，沿路径 PRQ 的值与沿另一路径 PSQ 的值是相等的。沿路径 PTQ 的线积分则因它与 PRQ 所形成闭合回路环绕的面积有电流穿越，其积分值是不同的，其关系为

$$\int_{PRQ} \boldsymbol{H} \cdot \mathrm{d}\boldsymbol{l} = -I + \int_{PTQ} \boldsymbol{H} \cdot \mathrm{d}\boldsymbol{l} \tag{4-13}$$

3. 磁场的路化

由于用求解磁场的方法计算电器的电磁系统很困难，因此，磁路简化电磁系统计算的方法一直被沿用。

在磁场内作一闭合曲线，并过曲线上各点作磁力线，可得到磁通管，其管壁处处与磁感应强度矢量 $\boldsymbol{B}$ 平行(图 4-12(a))。

借助于磁通管可形象地认为磁通是沿着它流动，如同电流沿着导体流动。整个磁场空间可看作是由许多磁通管并联组成。如果将磁场空间内磁位相等的点连成一片，可得等磁位面；再用平面截割它又可得等

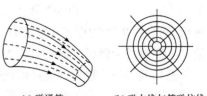

(a) 磁通管　　　(b) 磁力线与等磁位线

图 4-12　磁场的形象化表示

磁位线。磁力线(以同心圆表示)与等磁位线(以射线表示)是正交的(图 4-12(b))。

如果将整个磁场按磁通管和等磁位面划分为许多个串联和并联的小段，这就把磁场化为串并联的磁路了。然而，磁通管和等磁位面均未知，所以，磁场的路化并不简单。但对大多数电磁机构来说，磁通分布很集中，而且是沿着以磁性材料构成的磁导体为主体的路径闭合。以图 4-13 所示电磁机构为例，由于磁导体在未饱和情况下的磁导率是空气的数千倍，因此，绝大部分磁通是以磁导体为主的路径作为通路，如同电流以导体作为通路。如果只考虑沿磁导体形成闭路的磁通(习惯上称它为主磁通，而把路径在磁导体外的磁通称为漏磁通)，那么，磁通便完全在磁导体内流动。这样，磁导体就成为与电路对应的磁路，这就是磁场的路化。

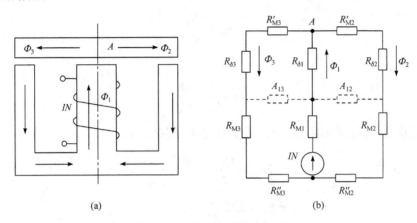

图 4-13　电磁机构及其等效磁路

4.1.4　磁路的基本定律和计算任务

既然磁场问题已简化为磁路问题，磁场的基本定律也要相应地变为磁路的基本定律。

1. 磁路的基本定律

根据磁通连续性定理，如果将封闭曲面取在磁路分支处的一点(称为节点)，那么，进入及流出该点的磁通代数和恒等于零。以图 4-13 中的 A 点为例，并取流出节点的磁通为正值，有

$$\sum \Phi = \Phi_2 + \Phi_3 - \Phi_1 = 0 \tag{4-14}$$

这个定律称为磁路的基尔霍夫第一定律。

根据安培环路定理，磁场强度矢量 H 沿任一闭合回路 l 的线积分等于穿越该回路所界定面积的全部电流的代数和。如果沿各段磁导体的中心线取一包含相连接的空气隙在内的闭合回路，并认为 H 处处与 $\mathrm{d}l$ 同向。而回路的磁动势等于同回路交链的全部电流——回路所包围的线圈的电流 I 与线圈匝数 N 之积的代数和(图 4-13)，那么，安培环路定理可表示为

$$\sum Hl = \sum IN \tag{4-15}$$

这个定律称为磁路的基尔霍夫第二定律。它说明磁路中沿任一闭合回路的磁压降的代数和等于回路中各磁动势的代数和。

这两个定律就是磁路的基本定律。

2. 磁路的参数与等效磁路

磁路和电路有许多相同之处，磁路中的磁势、磁压降、磁通、磁阻、磁导等参数与电路中的电势、电压降、电流、电阻、电导等参数之间存在着一一对应的关系。

如果一段磁路两端的磁压降为 U_M，通过它的磁通是 $\varPhi$，那么其磁阻

$$R_M = \frac{U_M}{\varPhi} \tag{4-16}$$

而它的磁导

$$\varLambda = \frac{1}{R_M} = \frac{\varPhi}{U_M} \tag{4-17}$$

如果磁路是等截面的(面积是 A)，且长度是 l，那么，有

$$\begin{cases} R_M = \dfrac{U_M}{\varPhi} = \dfrac{Hl}{BA} = \dfrac{l}{\mu A} \\ \varLambda = \dfrac{\mu A}{l} \end{cases} \tag{4-18}$$

为了清晰地表示磁路状况，也可仿照电路图作等效磁路(图 4-13)。图 4-13 中 $R_{\delta 1}$、$R_{\delta 2}$、$R_{\delta 3}$ 为空气隙的磁阻；R_{M1}、R_{M2}、R'_{M2}、R''_{M2}、R_{M3}、R'_{M3}、R''_{M3} 为磁导体的磁阻；$\varLambda_{12}$、$\varLambda_{13}$ 为漏磁通路径的磁导；IN 为线圈磁动势。作等效磁路图便于和电路图类比，有助于建立正确的关系式。

3. 磁路的特点

同电路比较，磁路具有下列特点。

(1) 由于磁导体的磁导率通常不是常数，而是 H 值的非线性函数，因此，一般情况下磁路是非线性的。

(2) 电路中导体与电介质的电导率相差达 20～21 个数量级，所以，在非高电压高频率条件下忽略泄漏电流对工程计算几乎无影响，而磁导体与磁介质的磁导率相差才 3～4 个数量级，所以，忽略泄漏磁通可能会给工程计算带来相当大的误差。

(3) 泄漏磁通处处存在，但主要集中于磁导体之间，所以，构成等效磁路时，也只考虑这部分泄漏磁通。

(4) 磁导体外部(如工作气隙和漏磁通的路径)的磁通管的几何参数是未知的，所以，与它相关的磁路参数(如工作气隙的磁导和漏磁导)都应根据磁场的基本性质和基本定律来确定。

(5) 磁动势由整个线圈产生，它是分布性的，泄漏磁通也存在于整个磁导体之间，同样是分布性的，因此，磁路也是分布性的。

(6) 与电流在电阻上要产生电能与热能的转换不同，磁通并不是实体，它通过磁导体只是一种计算手段，并没有物质流动，也没有能量损耗与交换。

4. 磁路计算的任务

磁路计算的任务有两类：正求任务和反求任务。

正求任务是根据电器或其他电工装置对其电磁机构的技术要求，设计出外形尺寸、重量、静态和动态特性等均属上乘的电磁机构，所以，又称为设计任务。正求任务在设计电磁机构时，已知条件多为要求它应产生的电磁力，而此力又与磁通值有关，所以，也可认为已知条件为该电磁机构必须产生的磁通，待求的就是电磁机构的几何参数和电磁参数，其中最主要的是建立已知磁通所需的磁动势。正求任务比较简单，因为已知磁通就不难求出磁路中各段磁导体的磁阻，并据此求所需磁动势，所以，又称为直接计算任务。

反求任务是根据已有电磁机构的参数计算其特性，校核其是否符合电器或电工装置的要求，所以，又称为验算任务。反求任务在已知电磁机构几何参数和电磁参数(主要是磁动势)的条件下，求该磁动势能够产生的磁通。由于未求得磁通之前无法知道磁路中各段磁导体的磁阻，因此，无法直接求解，往往要用试探方式——先设一磁通值，反过来求建立它所需的磁动势，与已知磁动势进行比较，直至它们互相吻合为止。反求任务较正求任务复杂得多，所以，又称为间接计算任务。

根据磁通求磁动势或根据磁动势求磁通的运算称为磁路计算。它仅仅是电磁机构计算的一个部分。在设计或验算中还要计算电磁力、静态和动态特性等。

电磁机构计算内容间的关系，可用如图 4-14 所示框图表示。当然，并不是说框图内的全部内容均需一一予以计算，有时根据要求只需计算其中的一项或者若干项即可。

随着计算机和计算技术的发展，近年来在电磁机构的设计和验算方面已越来越多地采用计算机辅助分析(CAA)与计算机辅助设计(CAD)。包括从零件到整个电磁机构的设计以至优化设计，都由计算机来完

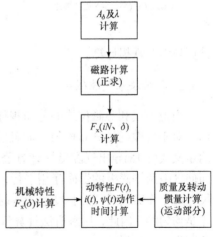

图 4-14　电磁机构计算任务

成。它还能与计算机辅助制造(CAM)技术结合形成融设计与制造为一体的、完整的自动化设计系统，并向专家系统发展。但是，实现这些技术必须要有电磁机构的数学模型，下文论述的传统计算方法就是数学模型的基础。

4.2　电磁机构的计算

4.2.1　气隙磁导和磁导体磁阻的计算

1. 概述

磁路计算需要知道磁路各部分的磁阻或磁导，磁路中应考虑的磁阻有气隙磁阻和磁导体磁阻。

对于通过衔铁运动做机械功的电磁机构，气隙是必不可少的。电磁机构中的气隙有赖以产生机械位移做功的主气隙(工作气隙)，有因结构必须有的可变或固定结构气隙，还有为防止因剩磁过大妨碍衔铁正常释放而设的防剩磁气隙或非磁性垫片(图 4-15)。

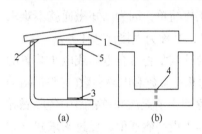

图 4-15　电磁机构的气隙
1-主气隙；2-可变结构气隙；3-固定结构气隙；
4-防剩磁气隙；5-非磁性垫片

尽管磁导体长度比气隙长度大得多，但气隙磁导率只是磁导体磁导率的数百分之一甚至数万分之一，气隙磁阻远远大于磁导体磁阻。对于常见的电磁机构，在释放位置，气隙磁压降就占全部磁势的 70%～90%。可以说，磁路计算甚至整个电磁机构计算的准确度取决于气隙磁导计算的准确度。

磁路中的磁导体在直流磁场中只呈现磁阻，在交变磁场中就呈现磁阻抗。当它们的值与气隙磁阻为可比时，其计算同样很重要。由于磁导体的磁导率是非线性变量，因此，其计算需应用磁化曲线，而且磁抗计算还涉及铁损计算。

2. 解析法求气隙磁导

当磁力线和等磁位线的分布规律可用数学表达式描述时，气隙磁导就能应用解析法计算。对于气隙磁场分布均匀、而且磁极边缘的磁通扩散可以忽略不计的情况，可根据磁导的定义式(4-18)导出气隙磁导计算公式。然而，即使气隙两端磁极的端面互相平行，也只有当其尺寸趋于无穷大或气隙长度趋于零时，气隙磁场才是均匀的。因此，用解析法计算气隙磁导，难免产生一定的误差。

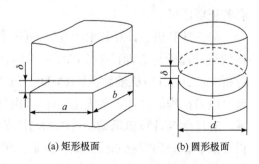

(a) 矩形极面　　　　(b) 圆形极面

图 4-16　平行极面间的气隙磁导

以平行平面磁极间的气隙磁导为例，如果气隙值 δ 与极面的线尺寸相比很小，如图 4-16 所示，$\delta \leqslant 0.1a$、$\delta \leqslant 0.1b$ 或 $\delta \leqslant 0.1d$，就可以近似地认为气隙磁场是均匀场。于是，对于矩形端面磁极，极间气隙磁导按式(4-18)推导为

$$\Lambda_\delta = \mu_0 \frac{A}{l} = \mu_0 \frac{ab}{\delta} \tag{4-19}$$

而对于圆形端面的磁极，则有

$$\Lambda_\delta = \mu_0 \frac{\pi d^2}{4\delta} \tag{4-20}$$

如果需要考虑磁极边缘的磁通扩散，那么式(4-19)及式(4-20)应修正为

$$\Lambda_\delta = \frac{\mu_0}{\delta} \left(a + \frac{0.307\delta}{\pi} \right) \left(b + \frac{0.307\delta}{\pi} \right) \tag{4-19a}$$

$$\Lambda_\delta = \mu_0 \left(\frac{\pi d^2}{4\delta} + 0.58d \right) \tag{4-20a}$$

由此可见，解析法计算磁导具有概念清晰的特点，但适用性很差。通常，只有衔铁与铁心已闭合或接近闭合时，才应用这种公式计算气隙磁导。在附录 4 中列有若干常用的解析法气隙磁导计算公式。

3. 磁场分割法求气隙磁导

当磁极几何形状比较复杂，或者虽不复杂但必须考虑磁极的边缘效应时，如果用解析法求气隙磁导，那么，或者过于复杂，或者不可能。这时，需要寻求一种既具有解析法在数学上的严格性，又能考虑到磁场分布的空间性的综合方法，这就是磁场分割法。

磁场分割法是按气隙磁场分布情况和磁通的可能路径将整个磁场分割为若干几何形状规则化的磁通管，然后以解析方式求出它们的磁导，并按其串并联关系求出整个气隙磁导的计算方法。如图 4-17 所示一平行六面体磁极 A 与一平面磁极 B 之间的气隙磁导计算为例，其总磁导

$$\Lambda_\delta = \Lambda_0 + 2(\Lambda_1 + \Lambda_1' + \Lambda_3 + \Lambda_3') + 4(\Lambda_5 + \Lambda_7) \tag{4-21}$$

式中，Λ_0 按式(4-19)计算，Λ_1 和 Λ_1'、Λ_3 和 Λ_3'、Λ_5、Λ_7 则分别按附录 5 中有关公式计算。

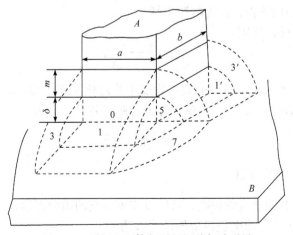

图 4-17 平行六面体与平面间的气隙磁导

磁场分割法气隙磁导计算公式中的 m 一般是凭经验选取，或者暂定 m 与最大气隙值 δ_{max} 相等，但应注意到相邻气隙的磁力线不可相交或相切。

磁场分割法也称可能路径法，它因误差相对较小而被工程计算普遍采用。在附录 5 中列有若干常用的磁场分割法气隙磁导计算公式。

4. 磁导体的磁阻和磁阻抗

除非在过渡过程中，直流励磁时磁导体内无功率损耗，所以，它只有磁阻。取一段截面积为 A、长度为 l 的磁导体，其磁阻应可按式(4-18)计算。但磁性材料的磁导率 μ 不是常数，而是磁场强度 H 的函数，所以，式(4-18)并不适用。实际计算时，往往是根据已知磁通 Φ 求出磁导体的磁感应强度 B，再通过磁导体材料的直流平均磁化曲线查出对应的 H 值，然后按式(4-22)计算磁导体的磁阻

$$R_{\mathrm{M}} = \frac{l}{\mu A} = \frac{Hl}{\Phi} \tag{4-22}$$

交流励磁时，磁导体内有铁损，其出现不仅使得励磁电流增大，而且使磁导体各段的磁压降与磁通之间有了相位差。因此，磁导体除磁阻 R_{M} 外，还有与其铁损相联系的磁抗 X_{M}，而磁导体的磁阻抗

$$Z_{\mathrm{M}} = R_{\mathrm{M}} + \mathrm{j}X_{\mathrm{M}} \tag{4-23}$$

如果已有磁导体材料的交流平均磁化曲线，通过此曲线容易求得磁导体的磁阻抗

$$Z_{\mathrm{M}} = \frac{U_{\mathrm{M_m}}}{\Phi_{\mathrm{m}}} = \sqrt{2}\,\frac{Hl}{\Phi_{\mathrm{m}}} \tag{4-24}$$

式中，$U_{\mathrm{M_m}}$、Φ_{m} 分别为磁压降和磁通的幅值。

磁导体的磁抗

$$X_{\mathrm{M}} = \frac{2P_{\mathrm{Fe}}}{\omega \Phi_{\mathrm{m}}^2} \tag{4-25}$$

式中，P_{Fe} 为磁导体中的铁损；ω 为电源角频率。

于是，可得磁导体的磁阻

$$R_{\mathrm{M}} = \sqrt{Z_{\mathrm{M}}^2 - X_{\mathrm{M}}^2} \tag{4-26}$$

如果没有交流平均磁化曲线，而只有直流平均磁化曲线，那么，可先按直流平均磁化曲线求出 R_{M}，再根据铁损求出 X_{M}。磁导体的磁阻抗就是

$$Z_{\mathrm{M}} = \sqrt{R_{\mathrm{M}}^2 + X_{\mathrm{M}}^2} \tag{4-27}$$

4.2.2　磁路的微分方程及其解

对于具有分布参数的非线性磁路，可以首先列写它的微分方程，然后在此基础上求解。现在分析如图 4-18 所示 U 形电磁机构的计算方法。

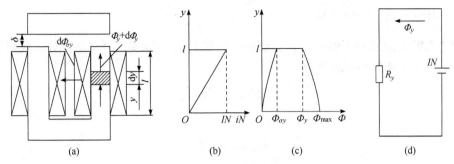

图 4-18　电磁系统及其参数分布

1. 磁路的微分方程

在电磁机构的铁心柱上距线圈底部 y 处取一小段 dy，该段铁心上磁通有一增量 $d\Phi_y$、漏磁通有一增量 $d\Phi_{\sigma y}$，磁压降也有一增量 $dU_y = U_{y+dy} - U_y$。根据磁通连续性定理，有

$$\Phi_y + d\Phi_y + d\Phi_{\sigma y} - \Phi_y = 0 \tag{4-28a}$$

或

$$d\Phi_y = -d\Phi_{\sigma y} = -U_y \lambda dy \tag{4-28b}$$

式中，λ 为铁心柱间单位长度的漏磁导。

由式(4-28b)得

$$\frac{d\Phi_y}{dy} = -\lambda U_y \tag{4-29}$$

根据安培环路定理，有

$$U_{y+dy} - U_y + 2H_y dy = 2f dy \tag{4-30a}$$

或

$$\frac{dU_y}{dy} = 2(f - H_y) \tag{4-30b}$$

式中，f 为单位线圈长度上的磁动势，$f = IN/(2l)$。

将式(4-29)对 y 求导数，并将式(4-30b)代入，得

$$\frac{d^2\Phi_y}{dy^2} = -\lambda \frac{dU_y}{dy} = -2\lambda(f - H_y) \tag{4-31}$$

再用 $B_y A$(A 是铁心柱截面积)代替 Φ_y，又得

$$-\frac{A^2}{\lambda} \frac{d^2 B_y}{dy^2} + \frac{2}{\mu_y} B_y = 2f \tag{4-32}$$

式中，μ_y 为磁导体 dy 段的磁导率。

式(4-32)就是磁路的微分方程，其解就是磁感应强度沿铁心柱高度方向上的分布。由于 μ_y 是 B_y 的非线性函数，因此，式(4-32)只有在某些特定条件下才能以解析方式求解。

2. 不计铁心磁阻时的计算

当气隙较大而铁心不饱和时，其磁阻比气隙磁阻小得多，可忽略不计。此时，可认为 $\mu_y \to \infty$，而式(4-30b)便简化为

$$dU_y = 2f\,dy$$

其解为

$$U_y = 2fy + C_1$$

当 $y = 0$ 时，$U_y = 0$，积分常数 $C_1 = 0$，因此，

$$U_y = 2fy \tag{4-33}$$

所以，磁动势沿铁心柱(线圈)高度作线性分布(图 4-18(b))。

将式(4-33)代入式(4-29)，解之得

$$\Phi_y = -2\lambda f \frac{y^2}{2} + C_2$$

在 $y = l$ 处，$\Phi_y = \Phi_l = \Phi_\delta = IN\Lambda_\delta = 2fl\Lambda_\delta$，积分常数 $C_2 = 2fl\left[\Lambda_\delta + \lambda l^2/(2l)\right]$，因此，磁通值为

$$\Phi_y = 2fl\left(\Lambda_\delta + \lambda\frac{l^2 - y^2}{2l}\right) = IN\left(\Lambda_\delta + \lambda\frac{l^2 - y^2}{2l}\right) \tag{4-34}$$

因此，磁通是以抛物线形式沿铁心柱高度方向分布(图 4-18(c))。磁通 Φ_y 可以表示为气隙磁通 $\Phi_\delta = IN\Lambda_\delta$ 与漏磁通

$$\Phi_{\sigma y} = IN\lambda\frac{l^2 - y^2}{2l} = IN\Lambda_\sigma \tag{4-35}$$

之和，漏磁通也是以抛物线形式沿铁心柱高度方向分布(图 4-18)。在铁心底部($y = 0$)，磁通有最大值

$$\Phi_{\max} = IN\left(\Lambda_\delta + \frac{\lambda l}{2}\right) \tag{4-36}$$

如果令

$$\Lambda_y = \Lambda_\delta + \Lambda_\sigma = \Lambda_\delta + \lambda\frac{l^2 - y^2}{2l} \tag{4-37}$$

那么式(4-34)可改写为

$$\Phi_y = IN\Lambda_y \tag{4-38}$$

这就简化了 U 形电磁机构的等效磁路(图 4-18)。于是，在 $\mu_y \to \infty$ 的条件下，不论正求任务或反求任务，都可直接用式(4-38)求解。

4.2.3　交流磁路的计算

交流电源比直流电源容易得到，而交流电弧又比直流电弧容易熄灭，所以，工业上广

泛应用交流电气设备，而电磁机构也常用交流电磁机构。交流电磁机构形成的磁路称为交流磁路。交流磁路与直流磁路都是非线性和分布性的，所以，它们的计算方法基本一致，前文介绍的磁路计算方法都适用于交流磁路。然而，铁损的存在使得交流磁路计算又不同于直流磁路，而且显得更为复杂。

1. 交流磁路的特点

交流磁路具有以下特点。

(1) 交流电磁机构的电磁场是交变电磁场，电磁感应现象的出现使其计算除要应用磁路的基尔霍夫定律外，还涉及电磁感应定律。

(2) 铁损的存在使励磁电流中含有与磁通同相的磁化分量和超前磁通 90° 的损耗分量。因此，磁动势与磁通间存在相位差，使得不仅磁路参数要用复数表示，磁路也要用相量法计算。

(3) 由于磁化曲线是非线性的，当电源电压是正弦量时，并励线圈的电流有可能是非正弦量；而当线圈电流是正弦量时，串励线圈两端的电压有可能是非正弦量。但磁路通常并非十分饱和，波形畸变不严重，因此，常常是用有效值相等的正弦波电压或电流取代波形略有畸变的电压或电流。

(4) 励磁线圈的阻抗是磁路参数的函数，其电抗 $X_L = \omega L = \omega N^2 \Lambda$（$N$ 为线圈匝数；Λ 为磁路总磁导）。在衔铁处于释放位置时，Λ 值很小，所以，X_L 也很小，而线圈电流很大；反过来，衔铁处于吸合位置时，Λ 值很大，所以，X_L 也很大，而线圈电流很小。这样，并励的交流电磁机构就是变磁动势性质的了。

(5) 交流电磁机构的电磁场是交变电磁场，磁通是正弦交变量，与其平方成比例的电磁吸力在一个周期内两次过零值。为了消除这一现象，磁极端面需要设置短路的导体环——分磁环。

2. 交流磁路的基本定律

分析交流磁路，除了磁路的基尔霍夫第一定律和第二定律外，还要应用电磁感应定律。由于交流磁路的电磁参量是正弦交变量，交流磁路中的磁通也是正弦交变量，因此，其基尔霍夫第一定律的形式为

$$\sum \Phi_i = \sum \Phi_{mi} \sin(\omega t + \theta_i) = 0 \tag{4-39}$$

其相量形式为

$$\sum \dot{\Phi}_{mi} = 0 \tag{4-40}$$

式中，Φ_{mi} 为第 i 支路正弦磁通的幅值；ω 为正弦量的角频率；θ_i 为第 i 支路磁通的初相角；Φ_i 为第 i 支路磁通的瞬时值。

电流也是正弦交变量，所以，基尔霍夫第二定律的形式为

$$\sum \Phi_i Z_{Mi} = \sum i_j N_j$$

或

$$\sum \varPhi_{\mathrm{mi}} Z_{\mathrm{Mi}} \sin(\omega t + \theta_{\mathrm{i}}) = \sum \boldsymbol{I}_{\mathrm{mj}} N_{\mathrm{j}} \sin(\omega t + \theta_{\mathrm{j}}) \tag{4-41}$$

其相量形式为

$$\sum \dot{\varPhi}_{\mathrm{mi}} Z_{\mathrm{Mi}} = \sum \boldsymbol{I}_{\mathrm{mj}} N_{\mathrm{j}} = \sqrt{2} \sum \boldsymbol{I}_{\mathrm{j}} N_{\mathrm{j}} \tag{4-42}$$

式中，i_{j}、I_{j}、I_{mj} 分别为第 j 个励磁线圈电流的瞬时值、有效值和幅值；N_{j} 为第 j 个线圈的匝数；θ_{j} 为电流 i_{j} 的初相角。

电磁感应定律

$$e = -N \frac{\mathrm{d}\varPhi}{\mathrm{d}t} = -\omega N \varPhi_{\mathrm{m}} \cos(\omega t + \theta_{\mathrm{i}}) \tag{4-43}$$

其相量形式为

$$\dot{E} = -\mathrm{j}\omega N \varPhi_{\mathrm{m}} / \sqrt{2} \tag{4-44}$$

式中，e、$\dot{E}$ 分别为感应电动势的瞬时值和有效值。

以上三个定律就是交流磁路的基本定律。

3. 交流磁路和铁心电路的相量图

一个 U 形交流电磁机构如图 4-19(a) 所示，为使其产生的电磁吸力不出现零值，其工作气隙的磁极表面嵌套一个分磁环，工作气隙分为两个部分：分磁环内部的气隙 δ_1 和分磁环外部的气隙 δ_2。对应电磁机构的等效磁路如图 4-19(b) 所示。

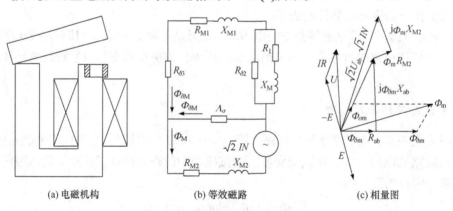

(a) 电磁机构　　　　　　(b) 等效磁路　　　　　　(c) 相量图

图 4-19　交流电磁机构的相量图

现以气隙磁通 $\varPhi_{\delta\mathrm{m}}$ 为参考相量作磁路相量图。根据等效磁路，漏磁通 $\varPhi_{\sigma\mathrm{m}}$ 应超前 $\varPhi_{\delta\mathrm{m}}$ 一个相位角，磁通 $\varPhi_{\mathrm{m}}$ 是它们二者的相量和，它也超前于 $\varPhi_{\delta\mathrm{m}}$。令气隙 δ_1、δ_2、δ_3 和衔铁的总磁阻及总磁抗为 R_{ab} 和 X_{ab}。有功磁压降 $\varPhi_{\delta\mathrm{m}} R_{\mathrm{ab}}$ 与磁通 $\varPhi_{\delta\mathrm{m}}$ 同相，无功磁压降 $\varPhi_{\delta\mathrm{m}} X_{\mathrm{ab}}$ 比 $\varPhi_{\delta\mathrm{m}}$ 超前 90°。它们的相量和为磁压降 $\sqrt{2} U_{\mathrm{ab}}$。后者再加上与 $\varPhi_{\mathrm{m}}$ 同相的有功磁压降 $\varPhi_{\mathrm{m}} R_{\mathrm{M2}}$ 和超前它 90°的无功磁压降 $\varPhi_{\mathrm{m}} X_{\mathrm{M2}}$，即得线圈磁动势的 $\sqrt{2}$ 倍、即 $\sqrt{2} IN$。至此，磁路向量图已绘制完成。

铁心电路的相量图应从线圈感应电动势 E 画起，它比 $\varPhi_{\mathrm{m}}$ 滞后 90°。线圈的有功电压降

IR 与 IN 同相，IR 与 $-E$ 的相量和就是线圈电压 U。

4. 交流磁路的计算方法

通常所说的交流磁路是指并励交流电磁机构的磁路，即恒磁链磁路。它的计算任务与直流磁路的有所不同。对于正求任务，已知的是气隙磁通，待求的是线圈的电压，而且要以计算结果是否与线圈电源电压相符为准；对于反求任务，待求的是气隙磁通，已知的不是线圈磁动势，而是它的电压。

铁损的存在使交流磁路计算格外复杂。然而，在工作气隙较大时，铁损往往很小，可以忽略不计，而把交流磁路当成直流磁路来计算，但是计算中必须使用交流平均磁化曲线。当气隙值较小时，铁损就必须考虑，同时磁阻也应该用磁阻抗代替。铁损计算的误差(决定了磁抗的计算误差)是导致磁路计算误差比直流时更大的主要原因。有时，根据铁损求出的 X_M 值甚至会比 Z_M 值还大些，这是因为在已知的 B_m 值下求得的 Z_M 值是由磁导体材料的磁化曲线决定的，而 X_M 值则是由具体磁导体中的损耗决定的。如果有具体电磁机构的磁化曲线并由此确定 Z_M 值，可以避免出现这种现象。

虽然交流磁路的电磁参数都按正弦规律变化，但习惯上磁通、磁链和磁感应强度是以幅值表示，而磁动势、磁场强度、电流和电压则是以有效值表示。计算中对此要注意。

以图 4-19 中的电磁机构为例介绍交流磁路的计算过程。具体计算步骤如下。

(1) 将磁导体分段并作等效磁路。

(2) 计算工作气隙磁导，并按恒磁链原则计算漏磁导。

(3) 根据已知的 $\Phi_{\delta m}$(正求任务)或按公式 $U \approx -E = \omega N \Phi_m / \sqrt{2}$ 估算的 $\Phi_{\delta m}$，求 R_{M1} 和 X_{M1}。

(4) 计算 R_{ab} 和 X_{ab}(不包含 $\Lambda_{\sigma\psi}$)。

(5) 求 $U_{ab} = \Phi_{\delta m}(R_{ab} + jX_{ab}) / \sqrt{2}$。

(6) 求 $\Phi_{\sigma m} = \sqrt{2} U_{ab} \Lambda_{\sigma\psi}$。

(7) 求 $\Phi_m = \Phi_{\delta m} + \Phi_{\sigma m}$。

(8) 根据 Φ_m 求 R_{M2} 和 X_{M2}。

(9) 计算线圈磁动势 $\sqrt{2} IN = \sqrt{2} U_{ab} + \Phi_m(R_{M2} + jX_{M2})$。

(10) 计算线圈电压 $U = IR + (-E) = IR + j\omega N \Phi_m / \sqrt{2}$。

上述计算常常需要反复多次才能使线圈电压的计算值与实际值近似相等。

4.2.4　电磁机构的吸力计算

电磁机构的静态吸力特性(习惯上简称静特性或吸力特性)是判断电磁系统在一定的励磁电压或电流下能否克服负载的机械反力而正常吸合的重要依据，它的计算本质是电磁力或电磁转矩的计算。

1. 能量平衡电磁力公式

在图 4-20 所示的线圈电路中，当控制开关 S 闭合时，电路与电源接通，其电压方程是

$$u = iR - e$$

式中，u 为线圈电源电压；i 为线圈电流；R 为线圈电阻；e 为线圈在电流变化时产生的感应电动势。

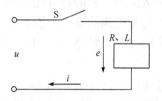

由于 $e = -\mathrm{d}\psi/\mathrm{d}t$（$\psi$ 为线圈磁链），将上式乘以 $i\mathrm{d}t$ 后，得

$$ui\mathrm{d}t = i^2 R\mathrm{d}t + i\mathrm{d}\psi \tag{4-45}$$

这就是电磁机构线圈电路的能量平衡方程。式(4-45)等号左边是电路在时间 $\mathrm{d}t$ 内从电源得到的能量；式(4-45)等号右边前项是同一时间内消耗在电路中的能量，后项是转换为电磁机构磁能的能量。在磁链 ψ 由 0 增至稳态值 ψ_s 的过程中，由电能转

图 4-20 电磁机构的线圈电路

换成的磁能为

$$W_\mathrm{M} = \int_0^{\psi_\mathrm{s}} i\mathrm{d}\psi \tag{4-46}$$

图 4-21 是电磁机构的磁链 ψ 与电流 i 的关系。当电流达到稳定值 I_s 时。磁链也达到稳定值 ψ_s。$\psi(i)$ 曲线上方被 ψ_s 线所围的面积就代表电磁机构的磁能 W_M。如果励磁电流增大到 I 后衔铁非常缓慢地由气隙值 δ_1 移动到 $\delta_2(\delta_2 < \delta_1)$，可以认为在此过程中 $i = \mathrm{const}$，但磁链却由 $\psi_{\delta 1}$ 增大到 $\psi_{\delta 2}$。从能量关系来看，电磁机构储存的磁能正比于面积 $A_1 + A_2$，在衔铁运动时又从电源输入正比于面积 $A_3 + A_4$ 的能量。后者的一部分补充到电磁机构储存的能量中，使其在 $\delta = \delta_2$ 时储有正比于面积 $A_1 + A_3$ 的磁能，另一部分则转化为衔铁移动时所做的机械功 ΔW_m。ΔW_m 正比于面积 $A_2 + A_4 = (A_1 + A_2) + (A_3 + A_4) - (A_1 + A_3)$。

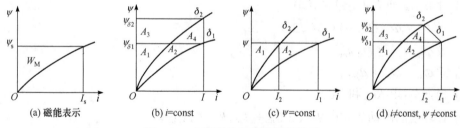

图 4-21 电磁机构的能量平衡关系

衔铁运动时作用于它的电磁吸力平均值为

$$F_\mathrm{av} = \frac{\Delta W_\mathrm{m}}{(\delta_2 - \delta_1)}$$

因为 $\delta_2 < \delta_1$，所以，F_av 是负值，它说明电磁力是作用在使气隙减小的方向上，它是吸引力。对上式取极限，即令 $\delta_2 - \delta_1 \to 0$，得 $i = \mathrm{const}$ 时电磁吸力的瞬时值

$$F = \frac{\mathrm{d}W_\mathrm{m}}{\mathrm{d}\delta}$$

如果衔铁移动非常迅速，使反电动势与电源电压相当，可以认为电磁机构是工作于另一种特殊状态，即 $\psi = \mathrm{const}$ 的状态。在这种场合，励磁电流 i 由 I_1 减到 I_2。衔铁在移动过

程中完成的机械功 ΔW_m 正比于电磁机构所储磁能的增量(负值)——面积 $A_2 = (A_1 + A_2) - A_1$。在 $\psi = \text{const}$ 的条件下，衔铁所受电磁力的瞬时值

$$F = \frac{\mathrm{d}W_\text{m}}{\mathrm{d}\delta} = -\frac{\mathrm{d}W_\text{M}}{\mathrm{d}\delta} \tag{4-47}$$

式(4-47)中的负号说明在 $\psi = \text{const}(\mathrm{i}\mathrm{d}\psi = 0)$时，电磁机构不从电源取得能量，衔铁做机械功以其磁能的减少为代价。

因为 i 和 ψ 都不是恒定值，所以，与机械功成正比的面积 $A_2 + A_4$ 是被衔铁起止位置上的两条曲线以及电磁机构工作点在衔铁运动时在 i、ψ 平面转移的轨迹所界定。该轨迹取决于电磁机构的电磁参数和运动部件的机械特性及惯性。因此，为得到解析形式的电磁吸力计算公式就必须用近似方法来推导。例如，忽略漏磁通和铁心磁阻的影响，磁链与励磁电流间就呈线性关系，因而有 $\psi = Li = N^2 \Lambda_\delta i$($L$ 为线圈电感，N 为线圈匝数，Λ_δ 为气隙总磁导)。这样，由式(4-46)和式(4-47)可以导出

$$F = -\frac{1}{2}(iN)^2 \frac{\mathrm{d}\Lambda_\delta}{\mathrm{d}\delta} \tag{4-48a}$$

如果考虑铁心磁阻上的磁压降，式(4-48a)中的 iN 就应该用气隙磁压降 $U_\delta = \Phi_\delta R_\delta$ 代替，那么，有

$$F = -\frac{1}{2}U_\delta^2 \frac{\mathrm{d}\Lambda_\delta}{\mathrm{d}\delta} = -\frac{1}{2}(\Phi_\delta R_\delta)^2 \frac{\mathrm{d}\Lambda_\delta}{\mathrm{d}\delta} \tag{4-48b}$$

根据能量平衡关系 (能量守恒定律)导出的电磁吸力计算公式，称为能量平衡公式，其实用形式就是式(4-48a)和式(4-48b)。

如果衔铁的运动将使漏磁通发生变化(如内衔铁式电磁机构)，那么，计算电磁吸力时就不能忽略漏磁的影响。如果线圈长度为 l、而衔铁深入线圈内腔部长度为 n，那么式(4-48b)将变成

$$F = -\frac{1}{2}(\Phi_\delta R_\delta)^2 \left[\frac{\mathrm{d}\Lambda_\delta}{\mathrm{d}\delta} - \lambda \left(\frac{n}{l} \right)^2 \right] \tag{4-49}$$

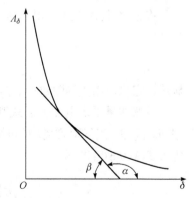

只有当 Λ_δ 与 δ 之间的函数关系能以解析方式表示时，才可用解析方法计算能量平衡公式中的 $\mathrm{d}\Lambda_\delta/\mathrm{d}\delta$，否则，就必须根据 $\Lambda_\delta = f(\delta)$ 曲线以图解方法计算。具体地说，在该曲线上的某点作切线，后者的斜率与该点气隙磁导的曲线间存在下列关系(图 4-22)

$$\frac{\mathrm{d}\Lambda_\delta}{\mathrm{d}\delta} = \frac{a}{b} \tan \alpha = -\frac{a}{b} \tan \beta$$

式中，a、b 分别为横坐标与纵坐标的比例尺。

图 4-22　图解法

在气隙较小时，$\Lambda_\delta = f(\delta)$ 曲线很陡峭，如果用图解方法求 $\mathrm{d}\Lambda_\delta/\mathrm{d}\delta$ 会产生很大的误差。因此，能量平衡公式用图解法时一般适用于气隙较大处。

2. 麦克斯韦电磁力公式

根据电磁场理论，如果将电磁机构本身及其周围空间内的磁场看作外电源和铁心内部分子电流共同建立的合成场，那么，由毕奥-萨伐尔定律和安培力公式可导出电磁吸力计算公式

$$F = \iiint_V \boldsymbol{j} \times \boldsymbol{B} \mathrm{d}V \tag{4-50}$$

式中，$\mathrm{d}V$ 为体积元；$\boldsymbol{j}$、$\boldsymbol{B}$ 分别为体积元内的电流密度和磁感应强度；$\boldsymbol{F}$ 为磁场与微电流间的相互作用力。

经变换后，式(4-50)变成

$$F = \frac{1}{\mu_0} \oiint_A \left[(\boldsymbol{B} \cdot \boldsymbol{n}^0) \boldsymbol{B} - \frac{1}{2} B^2 \boldsymbol{n}^0 \right] \mathrm{d}A \tag{4-51}$$

式中，$\boldsymbol{B}$ 为面积元 $\mathrm{d}A$ 处的磁感应强度；$\boldsymbol{n}^0$ 为面积元的单位外法线。积分应包围着受电磁力作用物体的全部表面进行。

式(4-51)就是麦克斯韦电磁力计算公式，它是一个普遍适用的公式。如果电磁机构铁心的磁导率非常大，使得磁感应强度处处都垂直于铁心表面，那么式(4-51)就变成

$$F = \frac{1}{2\mu_0} \oiint_A B^2 \cdot \boldsymbol{n}^0 \mathrm{d}A$$

结合具体电磁机构，上式可进一步简化为

$$F = \frac{\mu - \mu_0}{2\mu\mu_0} B_1^2 A \cos\alpha \left(1 + \frac{\mu_1}{\mu_0} \tan^2\alpha \right)$$

式中，μ_0、μ_1 分别为空气和铁心的磁导率($\mu_1 \gg \mu_0$)；B_1 为空气中的磁感应强度；A 为极面的表面积；α 为极面外法线与 B_1 间的夹角($\alpha = 0$)。

将 $\alpha = 0$ 代入上式，得到实用的麦克斯韦电磁力公式

$$F = \frac{B^2 A}{2\mu_0} = \frac{\Phi_\delta^2}{2\mu_0 A} \tag{4-52}$$

显然，它只适用于气隙较小、气隙磁场近于均匀的场合，否则，将产生很大的计算误差。

虽然能量平衡电磁力公式和麦克斯韦电磁力公式是从不同角度分析导出的，但本质却相同。例如，当气隙磁场均匀时(同时气隙变化不影响漏磁)，由于 $\mathrm{d}\Lambda_\delta / \mathrm{d}\delta = -\mu_0 A / \delta^2$，所以，代入式(3-48b)后得

$$F = -\frac{1}{2} (\Phi_\delta R_\delta)^2 \frac{\mathrm{d}\Lambda_\delta}{\mathrm{d}\delta} = -\frac{1}{2} \left(\frac{\Phi_\delta}{\Lambda_\delta} \right)^2 \frac{\mathrm{d}\Lambda_\delta}{\mathrm{d}\delta} = \frac{\Phi_\delta^2}{2\mu_0 A} = \frac{B^2 A}{2\mu_0}$$

可见能量平衡电磁力公式与麦克斯韦电磁力公式可以互相转化。

上述两种电磁力公式原则上都可以使用，但实际应用中应该根据气隙的大小来选用公

式计算电磁吸力。大气隙时，应该用能量平衡电磁力公式；小气隙时，应该用麦克斯韦电磁力公式。

4.3 交流电磁机构电磁力的特点与分磁环原理

电磁吸力计算公式既适用于直流电磁机构，也适用于交流电磁机构，在交流电磁机构中相应参数应取瞬时值。

1. 交流电磁吸力的特点

交流电磁机构的工作特点是励磁电压或电流为正弦交变量，所以，其磁通也是正弦交变量，即

$$\Phi = \Phi_\mathrm{m} \sin \omega t$$

代入式(4-52)，得电磁吸力的瞬时值是

$$F = \frac{\Phi^2}{2\mu_0 A} = \frac{\Phi_\mathrm{m}^2}{2\mu_0 A}\sin^2\omega t = \frac{\Phi_\mathrm{m}^2}{4\mu_0 A}(1-\cos 2\omega t) = F_- - F_\sim \tag{4-53}$$

$$F_\mathrm{m} = \frac{\Phi_\mathrm{m}^2}{2\mu_0 A}$$

图 4-23(a)绘出了交流磁通和电磁吸力随时间变化的曲线。显然，就单相交流电磁机构而论，电磁吸力的瞬时值在零与其最大值之间以二倍电源频率按正弦规律随时间变化。

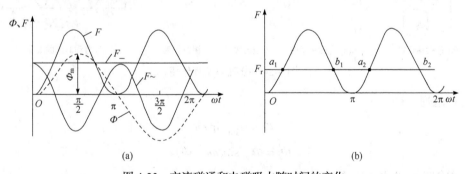

(a)　　　　　　　　　　　(b)

图 4-23　交流磁通和电磁吸力随时间的变化

式(4-53)说明交流电磁吸力有两个分量。一个是恒定分量，它是电磁吸力在一个周期内的平均值。且等于最大值的一半，即

$$F_\mathrm{av} = \frac{F_\mathrm{m}}{2} = \frac{1}{2}\frac{\Phi_\mathrm{m}^2}{2\mu_0 A} = \frac{\Phi^2}{2\mu_0 A} = F_-$$

式中，Φ 为交流磁通有效值。

第二个分量是交流分量，即

$$F_\sim = \frac{\Phi_m^2}{4\mu_0 A}\cos 2\omega t = F_{av}\cos 2\omega t$$

它按二倍电源频率随时间变化。

交流分量的存在使电磁机构的电磁吸力 F 在半个周期内将与机械反力 F_r 相交两次(图 4-23(b))。如果电磁机构是处于吸持状态,那么当 $F < F_r$ 后,衔铁将在反力作用下离开铁心。然而,当 F 回升到大于 F_r 后,刚离开铁心的衔铁又将重新被吸引到与铁心接触。于是,电磁机构在一个周期内将发生两次振动,其结果是加速电磁机构本身以及与之作刚性连接的零部件的损坏,还会产生令人难以忍受的噪声,污染环境。在电气方面,振动可能使触头弹跳加重侵蚀乃至发生熔焊。因此,必须采取专门措施消除这种有害的振动或者最大限度地削弱它。

2. 分磁环及其作用

单相电磁机构有广泛的应用,但具有衔铁会发生有害振动的缺点。为克服此缺点,它常采用裂极结构,也就是用导体制短路环——分磁环套住部分磁极表面(图 4-24)。短路环内会产生感应电动势 e_2 和感应电流 i_2,后者又产生一穿越分磁环的磁通,它与原来经过环内的磁通叠加后,使环外磁通 Φ_1 与环内磁通 Φ_2 之间出现相位差 Φ。分磁环的得名也就在于它能使通过极面的 Φ_0 分为相位不同的 Φ_1 与 Φ_2 两股。

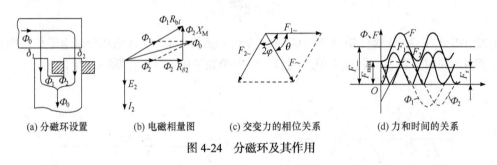

(a) 分磁环设置　　　(b) 电磁相量图　　　(c) 交变力的相位关系　　　(d) 力和时间的关系

图 4-24　分磁环及其作用

既然磁通

$$\Phi_1 = \Phi_{1m}\sin\omega t$$

$$\Phi_2 = \Phi_{2m}\sin(\omega t - \Phi)$$

那么,它们产生的电磁吸力分别为

$$F_1 = \frac{\Phi_{1m}^2}{4\mu_0 A_1}(1 - \cos 2\omega t) = F_{1av}(1 - \cos 2\omega t) = F_{1-} - F_{1\sim}$$

$$F_2 = \frac{\Phi_{2m}^2}{4\mu_0 A_2}[1 - \cos 2(\omega t - \Phi)] = F_{2av}[1 - \cos 2(\omega t - \Phi)] = F_{2-} - F_{2\sim}$$

它们的合力是

$$F = F_1 + F_2 = F_{1-} - F_{1\sim} + F_{2-} - F_{2\sim} = F_- - F_\sim$$

其中的恒定(平均)分量是

$$F_{av} = F_- = F_{1-} + F_{2-} = \frac{1}{4\mu_0}\left(\frac{\Phi_{1m}^2}{A_1} + \frac{\Phi_{2m}^2}{A_2}\right)$$

交变分量是

$$F_\sim = F_{1\sim} + F_{2\sim} = \sqrt{F_{1-}^2 + F_{2-}^2 2F_{1-}F_{2-}\cos 2\varphi}\cos(2\omega t - \theta)$$

式中，A_1、A_2 分别为磁通 Φ_1、Φ_2 所通过的磁极端面的面积；θ 为 $F_\sim$ 与 $F_{1\sim}$ 之间的夹角。

因此，电磁吸力的合力

$$F = \frac{1}{4\mu_0}\left(\frac{\Phi_{1m}^2}{A_1} + \frac{\Phi_{2m}^2}{A_2}\right) - \frac{1}{4\mu_0}\cos(2\omega t - \theta)\times\sqrt{\left(\frac{\Phi_{1m}^2}{A_1}\right)^2 + \left(\frac{\Phi_{2m}^2}{A_2}\right)^2 + 2\frac{\Phi_{1m}^2\Phi_{2m}^2}{A_1 A_2}\cos 2\varphi}$$

$$(4-54)$$

显然，当 $2\omega t - \theta = n\pi (n$ 是奇数)时，合力具有最大值

$$F_{max} = F_{1-} + F_{2-} + \sqrt{F_{1-}^2 + F_{2-}^2 + 2F_{1-}F_{2-}\cos 2\varphi}$$

而且当 $2\omega t - \theta = (n-1)\pi (n$ 是奇数)时，合力具有最小值

$$F_{min} = F_{1-} + F_{2-} - \sqrt{F_{1-}^2 + F_{2-}^2 + 2F_{1-}F_{2-}\cos 2\varphi}$$

只要合力的最小值大于反力，也即满足条件

$$F_{min} > F_r \qquad (4-55)$$

衔铁就不会发生机械振动。然而，合力仍含有交变分量，或者说有脉动现象。要使交变分量等于零，根据式(4-54)，必须有 $F_{1-} = F_{2-}$ 和 $\varphi = \pi/2$。经分析可知，完全消除电磁吸力的脉动现象既不可能，也没必要。

3. 三相电磁机构的电磁吸力

三相电磁机构用于制动电磁铁中。如图 4-25 所示，三个励磁线圈分别套在三个铁心柱上，而且被接到三相电源的三个相上。如果三个铁心柱具有相同的几何参数和电磁参数，那么，由于其磁通分别为 $\Phi_A = \Phi_m\sin\omega t$、$\Phi_B = \Phi_m\sin(\omega t - 120°)$、$\Phi_C = \Phi_m\sin(\omega t + 120°)$，

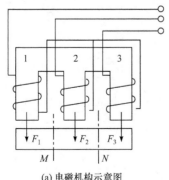

(a) 电磁机构示意图

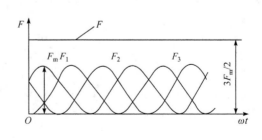

(b) 电磁吸力

图 4-25 三相电磁机构及其电磁力

因此，它们产生的电磁吸力的合力为

$$F = F_A + F_B + F_C = \frac{1}{2}F_m\{3 - [\cos 2\omega t + \cos 2(\omega t + 120°) + \cos 2(\omega t - 120°)]\} = \frac{3F_m}{2}$$

(4-56)

合力值不随时间而变，但其作用点不在几何中心线上，而是以二倍电源频率在位于二线圈窗口中心线上的 M、N 两点间周期性地往返移动。因为三相电磁机构的电磁吸力是恒定值，所以，它不需要设置分磁环。

4.4　吸力特性与反力特性的配合

凡是含电磁机构的电器，其吸力特性与反力特性的配合决定了其静态、动态特性指标

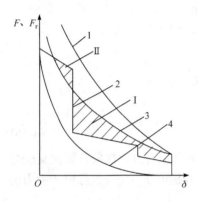

以及工作性能优劣的主要因素。通常，电磁机构的吸力特性(图 4-26 曲线 1)必须位于反力特性 (图 4-26 曲线 2)的上方，以保证衔铁在吸合运动过程中不致被中途卡住。但为避免衔铁在运动中积聚过多动能，致使衔铁在吸合时与铁心猛烈相撞，有时也使吸力特性(图 4-26 曲线 3)与反力特性相交。一般认为，只要图中的面积 I 大于面积 II，而且大得多些，衔铁即可顺利地闭合。这对直流电磁机构是完全成立的，但对交流电磁机构成立与否，还与合闸相角有关。至于释放过程中，电磁吸力特性(图 4-26 曲线 4)就应位于反力特性下方。

图 4-26　吸力特性与反力特性的配合

有关"常用电磁机构的吸力特性"的内容可扫描二维码 4-1 继续学习。

二维码 4-1

第5章 低压电器

5.1 低压电器的共性问题

由于电能的使用非常方便，在各种能源中电能的使用最广泛。电能便于大量生产、集中管理和自动控制，而且电能的传输损耗小，可以远距离传送，因此，电能的利用在国民经济建设及人民生活中占有非常重要的地位。据统计，发电厂生产的电能约 80%通过转换为低压电使用。各种低压电器可以对电网、电机以及其他用电设备进行转换、控制、保护和调节。配电线路、控制线路、配电装置和控制装置都配置大量低压电器元件来实现上述功能。

5.1.1 低压电器的分类

低压电器是生产量大、用途广泛、种类繁多的电器，不同的低压电器承担着不同的任务。例如，配电电器中的断路器主要完成正常情况下线路的接通与分断，同时还完成规定故障情况下线路的接通与分断，并起着对配电系统的保护作用；而控制电器中的接触器和控制继电器则主要控制电动机在正常情况下的启动、停止以及对过载、断相、短路等故障的保护。

低压电器按使用场所提出的不同要求可分为配电电器和控制电器两大类。配电电器主要用在配电系统中，起通断、控制、调节和保护等作用，所以，要求其工作可靠，通断能力高，有足够的动、热稳定性。它包括刀开关、熔断器、断路器等。控制电器主要用在电力拖动控制系统和用电设备中，起控制及保护等作用，所以，要求工作准确可靠、操作频率高和寿命长等。它主要包括主令电器、控制继电器、接触器等。

低压电器按工作条件可分为一般工业用低压电器、航空低压电器、船用低压电器牵引低压电器、防爆低压电器等。其他低压电器通常是在一般工业用低压电器的基础上派生的，所以，本课程只讨论这种低压电器。

一般用途的低压电器按产品分为下列 13 大类：刀开关和刀形转换开关、熔断器、断路器、接触器、控制器、控制继电器、主令电器、启动器、电阻器、变阻器、调节器、电磁铁和其他电器(如漏电保护器、信号灯、接线盒等)。

5.1.2 对低压电器的基本要求

1. 对通断能力的要求

配电线路发生的最严重故障是短路。短路时将出现数十倍到数百倍额定电流的故障电流，后者产生的巨大的热效应和电动力效应会使线路、电器元件和电气设备因导体变形和绝缘损坏等故障而损坏，甚至酿成火灾和人身伤亡事故，并因线路电压降低过多而造成区域性停电，其中，三相短路危害最大。因此，电力系统在运行中要求有能开断短路电流的配电电器来切断规定的短路电流。此外，电器也可能遇到接通已短路线路的情况，因此，要求一些配电电器应能接通故障线路中的短路电流而本身并不损坏。综上所述，配电电器应具有一定的接通与分断能力。

配电电器的接通能力用额定短路接通能力表征，它是指在规定的电压、频率、功率因数(对于交流电器)或时间常数(对于直流电器)下配电电器能够接通的短路电流值，即最大预期短路电流的峰值。交流电器的接通能力一般以额定短路分断电流 I_c 乘以峰值系数 n (表 5-1)来表示，而额定短路分断能力是指在规定电压、频率及一定功率因数(或时间常数)下配电电器能分断的短路电流值。对于交流电器，它以短路电流的周期分量有效值表示。

表 5-1　交流配电电器额定短路分断能力与功率因数和峰值系数 n 的关系

分断电流 (有效值)/kA	功率因数	峰值系数 n	分断电流 (有效值)/kA	功率因数	峰值系数 n
$I_c \leqslant 1.5$	0.95	1.41	$6 < I_c \leqslant 10$	0.5	1.7
$1.5 < I_c \leqslant 3$	0.9	1.42	$10 < I_c \leqslant 20$	0.3	2.0
$3 < I_c \leqslant 4.5$	0.8	1.47	$20 < I_c \leqslant 50$	0.25	2.1
$4.5 < I_c \leqslant 6$	0.7	1.53	$50 < I_c$	0.2	2.2

注：峰值系数 n 是指短路电流第一个半波的最大峰值与其周期分量有效值之比。

功率因数(或时间常数)、系统容量和短路点位置的不同，对电器的接通和分断能力要求也不同(表 5-2)。

表 5-2　变压器低压侧出线端短路时的短路电流和功率因数

变压器额定容量 S/kVA	额定电流 I_n/A	短路电流 $I_s^{(3)}$/kA	功率因数 $\cos\varphi$	变压器阻抗		低压引线阻抗	
				R/MΩ	X/MΩ	R/MΩ	X/MΩ
10	14.4	0.315	0.75	535	480	17.8	0.475
30	43	0.945	0.65	151	187	6.6	0.45
50	72	1.75	0.60	85	116	3.15	0.42
75	108	1.33	0.57	108	54.3	2.37	1.12
100	144.5	3.12	0.55	38.4	60.8	1.98	1.03
180	260	5.6	0.51	20	34.6	1.11	0.95
200	346	7.4	0.47	13.9	26.5	0.88	0.95
320	460	9.8	0.43	9.6	20.3	0.59	0.95
500	808	16.7	0.37	4.8	11.9	0.37	0.95
750	1082	22.4	0.35	3.4	8.95	0.223	0.85
1000	1445	28.5	0.32	2.4	6.65	0.139	0.85
1800	2650	48	0.27	1.18	3.82	0.089	0.85

控制电器控制不同的负载时，对其接通和分断电流的要求也不同。对于电阻负载，启

动电流与工作电流基本相同。电动机负载不同,例如,绕线型电动机的启动电流约为额定电流的 2.5 倍,鼠笼型电动机的启动电流一般为额定电流的 6 倍以上。在运转中开断电动机时,分断电流为额定电流,分断电压仅为额定电压的几分之一;但在堵转状态下开断电动机时,分断电压为额定电压,而分断电流大约等于启动电流。

2. 对动、热稳定性的要求

从线路中某点发生短路故障到相应的自动配电电器切断线路的过程中,线路中短路点以上的所有电器元件都受到短路电流的作用,所以,对电器提出电动稳定性(简称动稳定性)和热稳定性的要求。

电器的动稳定性是指电器承受短路冲击电流的电动力作用而不致损坏的能力。因为电动力与电流瞬时值的平方成正比,所以,电器的电动稳定性可用允许通过其电流的峰值来表示,对交流电器取短路电流的峰值,对直流电器取短路电流的最大值。但在一定条件下,不论交流电器还是直流电器,均可用交流电源做试验考核。

电器的热稳定性是指电器承受规定时间内短路电流的热效应而不致损坏的能力。热效应取决于电流的平方值与时间的乘积(I^2t),故电器的热稳定性用 I^2t 表示,通电时间为 1s。配电电器在线路上经受短路电流作用的时间一般不相同,不同短路持续时间 t 的热稳定电流 I_t 可用它的平方值与通电时间 t 之积 $I_t^2 t$ 和通电 1s 热稳定电流 I_1 的平方值与通电时间 t_1 之积 $I_1^2 t_1$ 保持相等的原则换算,即

$$I_t = \sqrt{\frac{I_1^2 t_1}{t}} \tag{5-1}$$

线路中某点发生短路时,从出现短路电流起至电器切断电路为止的一段时间里,要求线路中各种电器元件都设计成能承受短路电流的冲击作用有时既不经济,也不合理。因此,现行标准中规定,可以通过选择一个短路保护器与其他电器元件在保护方面实行协调配合。

5.1.3 配电线路与用电设备的保护

配电线路和用电设备在运行中应安全可靠,但难免发生各种故障。配电线路和用电设备在运行中除发生短路故障外,还经常发生过载、欠压、失压、断相及漏电等故障,从而对设备造成危害,所以,必须借助某些电器对它们进行控制与保护。

1) 过电流保护

短路和过载是低压系统常见的故障,短路电流和过载电流都属于过电流。电器的过电流保护性能用其保护特性说明,过电流保护特性是保护电器动作时间 t 与通过它的电流 I 之间的关系 $t = f(I)$。动作时间指从短路或过载开始到切除故障为止所需的时间。此特性还常以动作时间 t 和电流 I 与被保护对象额定电流 I_N 的倍数之间的关系 $t = f(I/I_N)$ 表示。

为了充分利用被保护对象的过载能力,并不要求过载保护电器(如断路器或过电流继电器)快速切断故障线路,而是要求它能与被保护对象的热过载特性良好地配合,即保护电器的保护特性尽量接近并略低于被保护对象的过载特性。以电动机为例,它允许在过载情况下运行的工作时间与过载程度有关,过载越严重,发热越严重,允许工作的时间就越短。电动机允许工作时间与过载程度的关系称为它的过载特性(图 5-1 曲线 2)。为使其得到可靠

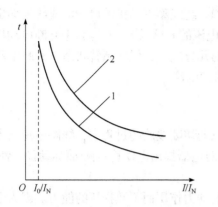

图 5-1 保护电器与被保护对象的配合
1-保护电器的保护特性曲线；2-电动机的过载特性曲线

的保护，保护电器的保护特性曲线必须在过载特性曲线下方(图 5-1 曲线 1)。显然，保护电器的保护特性必须是反时限的，只有这样才能充分利用被保护对象的过载能力。保证保护电器动作的最小电流称为临界动作电流，图 5-1 中用 I_0 表示，对热继电器来说，I_0/I_N 一般在 $1\sim1.2$ 之间。

当线路发生短路故障后，从减轻对线路的破坏的观点看，不论短路发生在何处都希望尽快切除，即要求短路保护电器(如断路器、熔断器等)能瞬时动作。这样必将造成供电线路大面积停电，而这是某些重要供电系统不允许的。因此，要求对短路故障实行选择性开断。这可通过各种保护电器有不同的动作电流值和不同的动作时间值来实现。

断路器是一种具有多种保护性能的保护电器。作为过电流保护电器时，它具有短路和过载的保护特性，也可以具有选择性保护的特性(图 5-2)。

图 5-2(a)是由反时限和瞬时组成的两段不连续的保护特性曲线，其中，反时限保护特性用于过载保护，瞬时特性用于短路保护。图 5-2(b)是由反时限和定时限组成的两段不连续的保护特性曲线，其中，定时限保护特性用于选择性保护。图 5-2(c)是由反时限、定时限和瞬时组成的三段不连续的保护特性曲线。后两种都具有选择性保护功能。

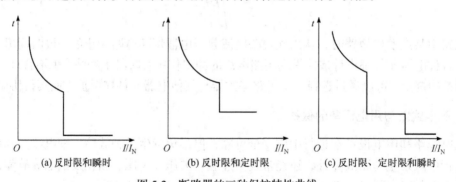

(a) 反时限和瞬时　　　　(b) 反时限和定时限　　　　(c) 反时限、定时限和瞬时

图 5-2 断路器的三种保护特性曲线

正确地设计和选用保护电器非常重要。首先，它与被保护对象应良好地配合。例如，对于电动机不仅要实现对它的过载和短路保护，还要保证它能在规定条件下正常启动。其次，各种保护电器的特性相互间也应很好地协调配合。

当线路中串接有几个保护电器(图 1-2)时，为满足选择性的要求，不但要使上下级保护电器的动作电流能满足分级保护的要求，而且动作时间也要满足分级保护的要求。同时，上级保护电器还应起到对下级保护电器的后备保护作用(图 5-3)。当线路在 K_3 点短路、电流为 I_{K3} 时，熔断器 FU_2 应动作，而断路器 QF_3 则因有短延时而不动作。如果 FU_2 未熔断，那么，经规定的延时后 QF_3 就应动作，作为 FU_2 的后备保护。当线路在 K_2 点短路、电流为 I_{K2} 时，QF_3 应动作。如果 QF_3 拒动，那么，QF_1 经过规定的延时后应动作，作为 QF_3 的后备保护。当线路在 K_1 点短路、电流远大于 I_{K2} 和 I_{K3} 的 I_{K1} 时，其危害性极大，故应由 QF$_1$ 瞬时开断。由于 QF$_1$ 具有三段式保护特性，因此，可提高供电的可靠性。瞬时开断和延时开断初始条件不同，所以，对通断能力要求也不同。

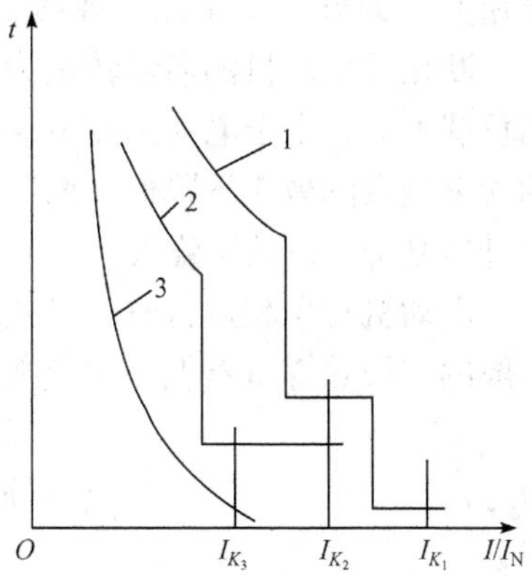

2) 欠电压和失电压保护

低压配电线路运行时，由于短路故障等原因，线路电压会在短时间内出现大幅度降低甚至消失的现象。它会给线路和电气设备带来损伤。例如，使电动机疲倒、堵转，从而产生数倍于额定电流的过电流，烧坏电动机；而当电压恢复时，大量电动机的自启动又会使线路电压大幅度下降，造成危害。

图 5-3　图 1-2 线路中各种
保护电器特性的协调配合
1-断路器 QF$_1$ 的保护特性曲线；2-断路器 QF$_3$ 的保护特性曲线；3-熔断器 FU$_2$ 的保护特性曲线

引起电动机疲倒的电源电压称为临界电压。当线路电压降低到临界电压时保护电器动作称为欠电压保护，其任务主要是防止设备因过载而烧损。当线路电压低于临界电压时保护电器才动作称为失电压保护，其主要任务是防止电动机自启动。

电动机的临界电压与电动机的种类、负载的机械特性(负载转矩)有关。下面以三相异步电动机为对象分析电动机的临界电压值。

图 5-4 所示为三相异步电动机的机械特性曲线。当电源电压为额定值 U_N 时，电动机工作于曲线 1 上的 N 点，随着电压由 U_N 降低到临界值 U_{li} 时，电动机的工作点由 N 点经 H 点移向曲线 3 上的 K 点。这时电动机转速降低、转差率 s 增大。与 K 点对应的是 U_{cr} 下的最大转矩和阻力矩平衡。此工作点并不稳定，电压稍有变化，电动机即将迅速疲倒、堵转。因此，在 K 点要求欠电压保护电器动作，使电动机脱离电源。一般规定欠电压保护动作电压值为 $(0.7 \sim 0.35)U_N$。

对于失电压保护动作值要求不严格，只要在零电压释放考虑到接触器磁系统存在因剩磁而粘住不释放的现象，低压电器基本标准规定，接触器的释放电压不大于

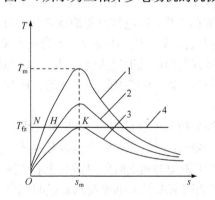

图 5-4　异步电动机的机械
特性与临界电压值的关系
1-$U = U_N$ 时的机械特性曲线；2-电压降低时的机械特性曲线；
3-$U = U_{cr}$ 时的机械特性曲线；4-负载的机械特性曲线

75%U_N，对于交流接触器，在额定频率下的释放电压还应不低于 20%U_N，而对于直流接触器应不低于 10%U_N，以保证失压保护动作的可靠性。

3) 断相保护

异步电动机是低压系统中最常见的用电设备，三相异步电动机断相后的单相运行是其烧坏的主要原因之一，所以，断相保护问题备受人们关注。造成电动机单相运行的主要原因有：熔断器一相熔断，电源线或电动机一相断线，电动机绕组引出线和接线端子间的连

接松脱，刀开关、熔断器或接触器的一相触头接触不良，变压器一次侧一相开路等。

　　断相后电动机的启动转矩为零，故未启动的电动机无法启动。若电动机在运行中断相而负载不变，由于电动机转矩减小，转差率 s 增大，要靠增大绕组电流来维持，使电动机的功率因数和效率均降低，而铜损和铁损都增大，因此，单相运行时，电动机定子和转子温升均剧增，以致被烧毁。

　　电动机在单相运行时，必须用电器进行断相保护。对于绕组为星形联结的电动机，用一般的三极热继电器就能实现断相保护。对于绕组为三角形联结的电动机，必须考虑到断相时电动机绕组电流与线电流之间的关系和正常运行时不同。图 5-5 所示就是三角形联结的电动机绕组。

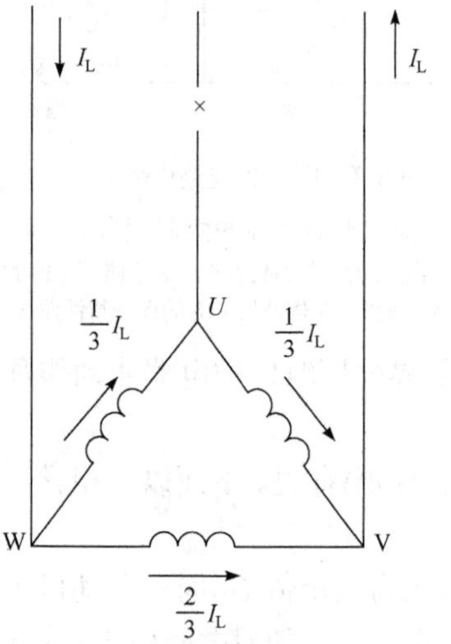

　　正常运行时，相电流 I_ϕ 等于线电流 I_L 的 $1/\sqrt{3}$，即 $I_\phi = I_L/\sqrt{3}$。当一相(如 A 相)断线时，流过跨接于全电压下的一相绕组的相电流为 $2I_L/3$，而流过串联的两相绕组的电流为 $I_L/3$。这样，跨接于全电压下的一相绕组的相电流与线电流的比值较正常运行时增大了 1.15 倍。如果在此情况下长期运行，虽然线电流小于 I_N，但相电流却为 $1.15I_N$，电动机绕组将烧毁，故应进行断相保护。它可借普通的热继电器加专门的结构组件或由断相保护继电器来实现。

　　4) 漏电保护

　　随着电在工农业生产和日常生活中的应用日益广泛，安全用电成为十分重要的工作。因电气设备绝缘老化、损坏而引起的漏电现象不仅会酿成火灾，还易导致人身伤亡事故。根据研究，触电受害程度与电流通过人体的部位、电流的大小以及触电时间的长短有关。触电电流通过心脏时最危险，它能引起心室颤动，使其不能有节律地进行整体收缩，以致停止跳动。

　　在 400V 以下的线路中，有危险的触电电流大约为数十至数百毫安。心室颤动既与电流大小、也与电流作用时间有关。当触电电流为 30～50mA 时，通电时间至数分钟才会发生心室颤动；当电流为 50 毫安至数百毫安时，发生心室颤动的通电时间只需几个心脏脉动周期。从避免发生心室颤动的角度出发，目前，大多数国家取触电电流与其通过时间之积为 30mA·s 作为人身安全的临界值，这也是设计漏电保护器的依据。

　　400V 以下的低压电网有中性点接地和中性点不接地的两种系统(图 5-6)。如图 5-6(a) 所示，电动机因绝缘损坏以致一相碰壳、而人又触及电动机外壳时，触电电流就通过大地和线路的对地分布电容构成回路。线路越长，分布电容越大，回路电流也越大，人体触电也越危险。如图 5-6(b)所示，当高压窜入低压系统时，人触及带电的电动机机壳，由于电网中性点接地阻抗很小，触电电压几乎等于电源的相电压，对人身和设备的危害将相对小些。因此，低压系统大都采取变压器低压侧中性点接地的方式，称为工作或系统接地。

　　为保证安全用电，漏电保护电器——漏电开关发展很快。它有电磁式，也有电子式。

图 5-5　A 相断线时的三角形
联结电动机绕组

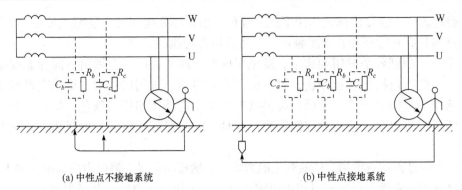

(a) 中性点不接地系统　　　　　　(b) 中性点接地系统

图 5-6　触电回路的形成

当线路发生漏电或触电事故时，它能迅速可靠地切断故障电路，确保人身和设备的安全。

5.2　低压控制电器

5.2.1　概述

低压控制电器是在低压电力拖动系统中对电动机及其他用电设备进行控制、调节和保护的电器。它主要有主令电器、控制继电器和低压接触器等。依靠人力来完成控制的称为手动控制电器；依靠信号操作来完成控制的称为自动控制电器。

由于电力拖动系统工作条件复杂、操作频繁，因此，对低压控制电器的基本要求有：工作准确可靠、操作频率高、寿命长、体积小、重量轻等。它应能频繁地通断额定电流，也能通断过载电流，但不能通断短路电流。

本节对几种主要的低压控制电器的工作原理、结构、基本性能、用途、技术参数和使用等进行介绍。

5.2.2　主令电器

主令电器是用来通断控制电路的手动电器，用以发布命令或对生产过程进行程序控制。它包括控制按钮、行程开关、主令控制器、接近开关等。

1. 控制按钮

控制按钮是用人力操作并具有弹簧储能复位的主令电器。它的结构最简单而应用却最广泛，在低压控制线路中常用于远距离发出控制信号或用于电气联锁线路。按钮一般由按钮帽、复位弹簧、触点和外壳等部分组成，其结构原理如图 5-7 所示。

当按下按钮时，先断开常闭触点，然后接通常开触

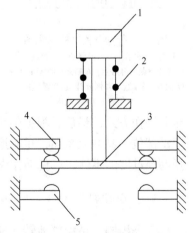

图 5-7　按钮开关的结构示意图
1-按钮帽；2-复位弹簧；3-动触点；4-常闭触点的静触点；5-常开触点的静触点

点；按钮释放后，在复位弹簧作用下触点复位。根据需要按钮可以装配成具有 1 常开和 1 常闭触点到具有 6 常开和 6 常闭触点，并可采用各种接线方式。

为了便于识别各个按钮的作用，避免误操作，通常在按钮上做出不同标志或涂以不同颜色，一般红色按钮表示停止，绿色按钮表示启动。选用按钮时，首先应根据使用场合和具体用途选择其形式；然后，应根据控制作用选择按钮帽的颜色；最后，根据控制回路的需要，确定触点数量和按钮数量。有时，可根据需要将若干按钮装在一盒内形成按钮盒。

运行中应经常检查按钮，清除其上的尘垢。虽然按钮的动、静触点间为滚动式点接触，能加强接触的可靠性，但运行过程中仍应注意。发现接触不良时，如果表面有损伤，可用细锉修整；如果接触面有尘垢，宜用清洁棉布蘸上溶剂拭净；如果触头弹簧失效，应更换；如果触头烧损过度，应更换触点乃至整台产品。对于螺钉等紧固件，应防止松动，检修时还要拧紧。凡带指示灯的按钮一般不适合用于需长期通电处，以防塑料过热膨胀，更换灯泡困难。

2. 行程开关

行程开关是按照生产机械的行程发布命令来控制其运动方向或行程长短的主令电器。当它安装在生产机械行程终点来限制其行程时，就称为限位开关或终点开关。

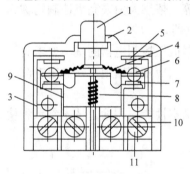

图 5-8 行程开关结构示意图
1-顶杆；2-外壳；3-常开触点；4-触点弹簧；
5-常开触点的静触点；6-桥式动触点；7-常
闭触点的静触点；8-恢复弹簧；9-常闭触点；
10-螺钉；11-接线板

图 5-8 是行程开关结构示意图。当工作机械上的撞块碰压顶杆时，它向内运动，压迫恢复弹簧，使动触点由与常闭触点的静触点接触转而与常开触点的静触点接触。由于弹簧的储能作用，这个转换是瞬间完成的。当外界撞块移开后，在恢复弹簧和触点弹簧作用下，动触点又瞬时地自动恢复到原始位置。

行程开关将机械信号转变为电信号以实现对机械的电气控制。用行程开关的基本元件加上传动杆、撞头和金属罩壳后，就形成直线式行程开关；它加上滚轮、轮柄、转轴、凸轮和金属罩壳后，又形成转动式的行程开关。

选择行程开关时，首先，应根据使用场合和控制对象确定行程开关的种类，然后，根据生产机械的运动特征确定其操作方式，最后，根据使用环境条件确定防护形式。由于行程开关通常装在生产机械运动部位，易沾上尘垢，也易磨损，因此，运行中应定期检查和保养，及时清除尘垢和更换磨损过度的零件，以免动作失灵，导致生产和人身伤亡事故。

3. 主令控制器

主令控制器是频繁地转换复杂的多路控制电路的主令电器，它一般由触头元件、凸轮装配、棘轮机构、传动机构及外壳组成。

主令控制器可按结构形式分为以下两种。

(1) 凸轮非调整式主令控制器。其凸轮不能调整, 触头只能按预定的程序做分合动作。

(2) 凸轮调整式主令控制器。其凸轮片上开有孔和槽, 故其位置可按要求加以调整, 因而其触头分合程序可以调整。

主令控制器可按操作方式分为以下三种。

(1) 手动式。用人力操作。

(2) 伺服电动机操作式。由伺服电动机经减速机构带动主令控制器主轴转动。

(3) 生产机械操作式。由生产机械直接(或经减速机构)带动控制器主轴转动。

4. 接近开关

接近开关是用来进行位置检测、行程控制、计数控制及金属物体检测的主令电器。

按作用原理区分, 接近开关有高频振荡式、电容式、感应电桥式、永久磁铁式和霍尔效应式等, 其中, 以高频振荡式为最常用。

接近开关工作可靠、灵敏度高、寿命长、功率损耗小、允许操作频率高, 并能适应较严酷的工作环境, 所以, 在自动化机床和自动生产线中得到越来越广泛的应用。

5.2.3 控制继电器

1. 控制继电器的用途与分类

控制继电器是一种自动电器, 它适用于远距离接通和分断交、直流小容量控制电路, 并在电力拖动系统中供控制、保护及信号转换用。继电器的输入量通常是电流、电压等电量, 也可以是温度、压力、速度等非电量, 输出量则是触点动作时发出的电信号或输出电路的参数变化。继电器的特点是当其输入量的变化达到一定程度时, 输出量才会发生阶跃性的变化。

控制继电器用途广泛, 种类繁多, 习惯上按其输入量不同分为以下六类。

(1) 电压继电器。它是根据电路电压变化而动作的继电器, 例如, 用于电动机欠压、失压保护的交直流电压继电器, 用于绕线式电动机制动和反转控制的交流电压继电器, 用于直流电动机反转及反接制动的直流电压继电器等。

供增大控制电路中触点数量或容量而用的中间继电器, 本质上也是电压继电器, 但是其动作值不用调整。

(2) 电流继电器。它是根据电路电流变化而动作的继电器, 被用于电动机和其他负载的过载及短路保护和直流电动机的磁场控制或失磁保护等。

(3) 时间继电器。这是从接收信号到执行元件动作有一定时间间隔的继电器, 例如, 启动电动机时用以延时切换启动电阻、电动机能耗制动和生产过程的程序控制等所用的继电器。

(4) 热继电器。供各种设备进行过热保护用的继电器。

(5) 温度继电器。供各种设备进行温度控制用的继电器。

(6) 速度继电器。供电动机转速和转向变化监测的继电器。

2. 继电器的输入-输出特性

继电器的输入-输出特性称为继电特性，它是开关电器所共有的。图 5-9 是具有常开触点的继电器的继电特性，当输入量 x 由零开始增大时，在

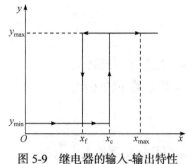

图 5-9　继电器的输入-输出特性

$x < x_c$(动作值)的整个过程中，输出量始终保持为 $y=y_{min}$(对于有触点电器，$y_{min}=0$)；当 x 增大到 x_c 时，输出量就由 y_{min} 跃升为 y_{max}。再继续增大 x 到其最大值 x_{max} 或其正常工作值，输出量仍保持为 y_{max} 而不变。如果自 x_{max} 开始减小 x，在 $x > x_f$ (返回值，它一般小于 x_c)的过程中，y 还是等于 y_{max}。当 $x = x_f$ 时，y 便从 y_{max} 突然减小到 y_{min}。此后，即使再减小 x 直到它等于零，y 也保持为 y_{min}。

3. 控制继电器的主要技术参数

(1) 额定参数。它包括输入量的额定值及触点的额定电压和额定电流、额定工作制、触头的通断能力、继电器的机械和电气寿命等。

(2) 动作参数与整定参数。输入量的动作值和返回值统称动作参数，例如，吸合电压(电流)和释放电压(电流)、动作温度和返回温度等。可以调整的动作参数则称为整定参数。

(3) 返回系数。此系数 K_f 是指继电器的返回值 x_f 与动作值 x_c 的比值，即 $K_f = x_f/x_c$。按电流计算的返回系数为 $K_f = I_f/I_c$ (I_f 为返回电流，I_c 为动作电流)；按电压计算的返回系数为 $K_f = U_f/U_c$ (U_f 为返回电压，U_c 为动作电压)。

(4) 储备系数。继电器输入量的额定值 x_n 与动作值 x_c 的比值称为储备系数 K_s，也称安全系数。为保证继电器运行可靠，不发生误动作，K_s 必须大于 1，一般为 1.5～4。

(5) 灵敏度。它指使继电器动作所需的功率(或线圈磁动势)。为便于比较，有时以每对常开触头所需的动作功率或动作安匝数作为灵敏度指标。电磁式继电器灵敏度较低，动作功率达 10^{-2}W；半导体继电器灵敏度较高，动作功率只需 10^{-6}W。

(6) 动作时间。继电器的动作时间是指其吸合时间和释放时间。从继电器接受控制信号起到所有触点均达到工作状态为止所经历的时间间隔称为吸合时间；而从接受控制信号起到所有触点均恢复到释放状态为止所经历的时间间隔称为释放时间。按动作时间的长短继电器可以分为瞬时动作型和延时动作型两大类。

4. 常用控制继电器

1) 通用继电器

通用继电器是可用作电压继电器、欠电压继电器、过电压继电器、中间继电器和时间继电器的直流电磁式继电器。它以结构简单、维修方便、成本低而被广泛用于低压控制系统。

图 5-10 所示为继电器实物图。图 5-11 所示为电磁式继电器结构图，电磁系统采用拍合式结构。线圈用来从电源获取能量、建立磁场；铁心和轭铁用来加强工作气隙内的磁场；衔铁用来实现电磁能和机械能的转换；极靴用来增大工作气隙的磁导；反力弹簧和簧片用

图 5-10　继电器实物图

来提供反力。当其线圈通电且电流达某一定值时，衔铁与铁心间的吸力便大于弹簧产生的反力，衔铁吸合，使触点系统的常开触点闭合、常闭触点断开。最后，衔铁被吸持在最终位置上。如果在衔铁处于最终位置时使线圈断电，吸力消失，衔铁在反力作用下释放，使触点系统的常开触点断开、常闭触点闭合。

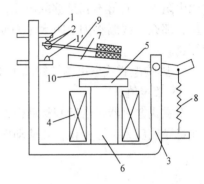

图 5-11　电磁式继电器结构图

1、1'-静触点；2-动触点；3-轭铁；4-线圈；5-极靴；6-铁心；7-衔铁；8-反力弹簧；9-簧片；10-工作气隙

通用继电器作为电压继电器使用时，吸引电压可在 30%～50%U_n 的范围内调节，释放电压可在 7%～20%U_n 的范围内调节；作为欠电流继电器使用时，吸引电流可在 30%～65%I_n 的范围内调节；作为时间继电器使用时，断电延时范围为 0.3～5s。对它的返回系数不做规定。作为过电流或过电压继电器使用时，$K_f < 1$；作为欠电流或欠电压继电器使用时，$K_f > 1$。

2) 电流继电器

电流继电器一般可兼作过电流和欠电流继电器，用于电动机的启动控制和过载保护。

3) 中间继电器

中间继电器主要起扩大触头数量及触头容量用。从本质上来说，它仍属电磁式电压继电器，但其动作参数不用调整，对其返回系数也无要求。其基本结构如图 5-12 所示。

中间继电器的电磁系统采用螺管式电磁铁。线圈通电时，动铁心被吸向锥形挡铁，并带动横梁，使两侧的动触点支架向上运动，令触点进行转换。线圈断电后，在反力弹簧作用下，动铁心和动触点支架均恢复原位。

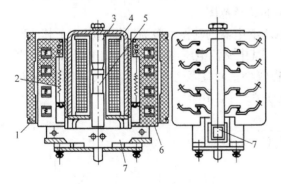

图 5-12　中间继电器的结构布置

1-外壳；2-反力弹簧；3-挡铁；4-线圈；5-动铁心；6-动触点支架；7-横梁

4) 电压继电器和电流继电器的比较

电压继电器是反映电路电压变化的电磁式继电器；电流继电器是反映电路电流变化

而动作的电磁式继电器。电压继电器采用电压线圈来接收输入的电压信号；电流继电器采用电流线圈来接收输入的电流信号。从吸力特性的角度出发，这两种不同的线圈都产生一定的磁势(安匝数)，因此，它们的本质相同。但其所反映的信号种类不同，就引起了结构参数上的差别。电压线圈以电压信号为依据，在电路中应与电源并联，从尽量减小它对其他支路的分流作用来看，希望流过它的电流越小越好，所以，它具有较大的电阻和较多的匝数(以保证足够的安匝数)，所用的导线较细。电流线圈以电流信号为依据，在电路中应与电源串联，从尽量减小它对其他支路的分压作用来看，希望它两端的电压越小越好，所以，它具有较小的电阻和较少的匝数(几匝或几十匝)，所用的导线较粗。由于它们存在着这样的差异，因此，在使用中不允许接错。如果误将电压线圈串接在电路里，那么，线圈将因电阻太大而得不到足够的电流，继电器不会动作。反之，如果误将电流线圈并接在电路里，那么，线圈将因电阻太小而使其中流过的电流太大，导致烧毁线圈，同时，造成电源短路。

5) 影响电磁式继电器性能的主要参数

(1) 整定值。

电磁式继电器是借助调整动作参数 x_c 来整定，动作参数 x_c 可用反力弹簧调整。反力的改变将导致反力特性变化，并使动作参数变化(图 5-13)。

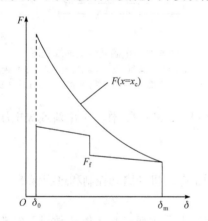

图 5-13　吸力特性 F 与反力特性 F_f 的配合

在释放位置，一般可认为吸力 F 与线圈电流 I 的平方成正比，即 $F \propto I^2$(以力矩 M 表示，则有 $M \propto I^2$)。当动作电流 I_c 不同时，有

$$I = I_{c1} \text{ 时}, \quad M = M_1$$

$$I = I_{c2} \text{ 时}, \quad M = M_2$$

由此可得

$$\frac{M_1}{M_2} = \left(\frac{I_{c1}}{I_{c2}}\right)^2 \tag{5-2}$$

因此，应根据要求的可调参数范围，确定继电器反力弹簧的调整范围。

电压继电器的动作参数为动作电压 U_c，其值取决于动作电流 I_c，所以，它与线圈温升 τ 有关。其中交流电压继电器因线圈电阻 R 在线圈阻抗中所占比例较小，所以，U_c 受 τ 的影响也较小；而直流电压继电器的线圈电流(即 I_c)主要取决于 R，所以，其动作值与线圈温升有直接关系。由于

$$I_c = \frac{U_c}{R} = \frac{U_c}{R_0(1 + \alpha_\theta \tau)}$$

如果 $\tau = 0$，那么，$I_c = U_c/R$；而当 $\tau > 0$ 时，

$$I_c = \frac{U_c + \Delta U}{R_0(1 + \alpha_\theta \tau)}$$

式中，R_0 为 $\tau = 0$ 时的线圈电阻值；α_θ 为线圈导体材料的电阻温度系数。

继电器的动作电流是一定的，所以，温升变化后动作电压要改变，以保持

$$\frac{U_c + \Delta U}{R_0(1 + \alpha_\theta \tau)} = \frac{U_c}{R_0}$$

所以

$$\Delta U = \alpha_\theta U_c \tau \tag{5-3}$$

显然，线圈温升越高，动作电压值变化越大。如果 $\alpha_\theta = 4 \times 10^{-3}$、$\tau = 50K$，那么，$\Delta U / U_c = 0.2$，即整定值变化 20%。因此，线圈温升应设计得较低。同时，要考虑电压变化范围为$(0.85 \sim 1.1)U_n$。

(2) 返回系数。

继电器的返回系数与反力特性以及整定值有关。现以拍合式电磁继电器为例进行分析。图 5-14 为其吸力特性与反力特性的配合曲线。当初始气隙为 δ_0 时，反力为 F_{f1}(其中，包括衔铁重力和反作用弹簧的初始拉力等)。当线圈电流到达动作电流 I_c 时，吸力 F_1 与反力 F_{f1} 相等，衔铁开始动作并被铁心所吸合。在最终气隙 δ_z 处，反力增至 F_{f2}，而在 I_c 不变时，吸力增至 F_2。

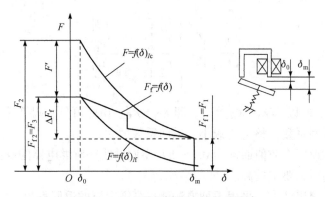

图 5-14 吸力特性与反力特性的配合

当线圈电流减至返回电流 I_f 时，吸力 F_3 与反力 F_{f2} 相等，衔铁释放直至返回释放位置。在衔铁处于闭合位置(气隙为 δ_z)时，有

$$F_2 = K_1 I_c^2, \qquad F_3 = K_1 I_f^2$$

因此，$I_c = \sqrt{F_2 / K_1}$，$I_f = \sqrt{F_3 / K_1} = \sqrt{F_{f2} / K_1}$，并得

$$K_f = \sqrt{\frac{F_{f2}}{F_2}} = \sqrt{1 - \frac{F'}{F_2}} \tag{5-4}$$

由此可见，要提高 K_f，必须减小 F'。当吸力特性与反力特性完全一致时($F' = 0$)，返回系数最高(以上各式中的 K_1 被视为常数)。

图 5-15 是整定值改变时的两条反力特性。在释放位置上有

$$\frac{F_{f1}}{F_{f1}'} = \left(\frac{I_{c1}}{I_{c2}}\right)^2$$

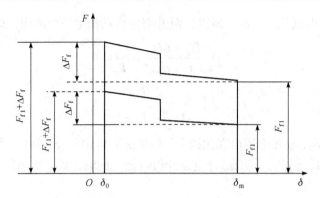

图 5-15　反力特性的整定

当衔铁返回时(还在闭合位置)，又有

$$\frac{F_{f1} + \Delta F_f}{F'_{f1} + \Delta F_f} = \left(\frac{I_{f1}}{I_{f2}}\right)^2$$

因为 $K_{f1} = I_{f1} / I_{c1}$，$K_{f2} = I_{f2} / I_{c2}$，所以

$$\left(\frac{K_{f1}}{K_{f2}}\right)^2 = \frac{\left(\dfrac{I_{f1}}{I_{c1}}\right)^2}{\left(\dfrac{I_{f2}}{I_{c2}}\right)^2} = \frac{1 + \dfrac{\Delta F_f}{F_{f1}}}{1 + \dfrac{\Delta F_f}{F'_{f1}}} \tag{5-5}$$

因为 $F'_{f1} > F_{f1}$，所以，$(K_{f1}/K_{f2})^2 > 1$，即 $K_{f1} > K_{f2}$。由此可见，调整反作用弹簧能改变整定值，同时改变返回系数，整定值减小，返回系数增大。

控制继电器的返回系数值通常为 0.1～0.7。不同的线路对继电器的返回系数有不同的要求，有些保护线路对它要求较高。

通过上述分析得出结论，采用下列方法能提高继电器的返回系数。

① 使吸力特性与反力特性配合合理，尽量接近，这可通过合理地选择电磁铁的结构形式和衔铁的行程来实现。

② 减小工作行程，减小吸力特性与反力特性间的差值。

(3) 动作时间。

继电器按动作时间可以分为三种：小于 0.05s 的快速动作型；大于 0.2s 的延时动作型；动作时间在 0.05～0.2s 的一般型。继电器的动作时间为触动时间 t_c 与吸合运动时间 t_d 之和，即

$$t = t_c + t_d \tag{5-6}$$

触动时间

$$t_c = \frac{L}{R} \ln\left(\frac{I_w}{I_w - I_c}\right) \tag{5-7}$$

式中，R 为线圈电阻；I_w 为线圈的稳态电流，$I_w = U/R$；I_c 为触动电流；L 为线圈的电感，$L =$

$N^2\Lambda_\delta$(这时的磁路不饱和,磁导体磁阻可忽略不计)

吸合运动时间

$$t_d = \sqrt[3]{\frac{12mN^2\delta_m}{KU(4N\Phi_c + Ut_c^0)}} \tag{5-8}$$

$$t_c^0 = \sqrt{\frac{12mN^2\delta_m}{KU^2}}$$

$$K = \frac{\left[1/(2\Lambda_\delta^2)\right] \times d\Lambda_\delta}{d\delta}$$

式中,m 为运动部件的归算质量;δ_m 为起始(最大)工作气隙;U 为电源电压;Φ_c 为触动时的气隙磁通,计算吸合运动时间并未计算铁心饱和及涡流的影响。

由此可见,电磁继电器的动作时间与许多因素有关。为了缩短动作时间,应减小继电器的电磁时间常数,减小它的反作用力,减小触动电流,减小衔铁工作行程,减小运动部件的质量和增大线圈的稳态电流等。如果要增大动作时间,那么,应采取相反的措施。

(4) 功率消耗。

功率消耗是指继电器线圈消耗的功率

$$P = I^2R = \frac{(IN)^2 \rho l_{pj}}{AK_{tc}} \tag{5-9}$$

式中,I 为线圈电流;N 为线圈匝数;ρ 为线圈导线材料的电阻率;l_{pj} 为线圈的平均匝长;A 为线圈的横截面积;K_{tc} 为线圈的填充系数。

由此可见,功率消耗与线圈匝数的平方成正比。继电器灵敏度越高,要求其功率消耗越小。为减小功率消耗,继电器的反力和触头压力均应较小,但过小将使控制容量也变小,所以,应综合考虑其相互关系。

5. 时间继电器

时间继电器可按工作原理的不同,分为电磁式时间继电器、钟表式时间继电器、气囊式时间继电器和电子式时间继电器。其中,最常用的时间继电器是电磁式时间继电器和电子式时间继电器。

时间继电器又可按延时方式的不同分为通电延时型和断电延时型。前者在获得输入信号后立即开始延时,需待延时完毕,其执行部分才输出信号以操纵控制电路;当输入信号消失后,继电器立即恢复到动作前的状态。后者恰恰相反,当获得输入信号后,执行部分立即有输出信号;而在输入信号消失后,继电器却需要经过一定的延时,才能恢复到动作前的状态。

1) 电磁式时间继电器

电磁式时间继电器的衔铁处于释放位置时,磁系统磁导很小,故线圈电感和电磁时间常数 T 均很小。当线圈接通电源后,其电流增长很快,触动时间仅几十毫秒,一般可以认为动作是瞬时完成的,因此,电磁式时间继电器难以实现通电延时。但当其衔铁在吸合位置时，磁系统磁导较大，电磁时间常数也较大，故当切断电源后将线圈短接时，由于线圈中感应电动势的作用，线圈电流将逐渐减小直至消失，磁系统内的磁通将随时间缓慢地减小(图 5-16)直至等于剩余磁通 Φ_{s1}。从线圈被短接起，至磁通衰减到释放磁通 Φ_f 的时间 t_1，就是衔铁开始释放运动前的延时时间。它加上衔铁释放运动的时间，就是全部延时时间。显然，这种延时是断电延时，而电磁式时间继电器是容易实现断电延时的。但由于衔铁行程小，释放运动时间短，因此，一般可以不计运动时间。

剩磁磁通 Φ_s 对延时时间与延时稳定性有较大影响。剩磁磁通越大，调整的延时范围越小，延时稳定性越差。如图 5-16 所示，当剩磁磁通为 $\Phi_{s2}(\Phi_{s2}>\Phi_{s1})$ 时，如果它略微变化一些，如图 5-16 中虚线所示，延时的变化 Δt_2 将比剩磁磁通为 Φ_{s1} 时的 Δt_1 大。因此，为了使延时更加稳定，必须从选用磁导率高且矫顽力小的磁性材料着手，例如，采用电工纯铁。

电磁式时间继电器延时时间的调整，可以通过下述四种方法来实现。

(1) 在衔铁和铁心的接触处垫非磁性垫片(图 5-17)，它既能调节延时，又能减小剩磁，防止衔铁被剩磁吸住不放。改变垫片厚度，磁通减小到同一释放磁通的延时时间必然改变，但这只能作为延时的粗调。通常垫片用磷青铜片制成，为保证机械强度，其厚度不小于0.1mm。

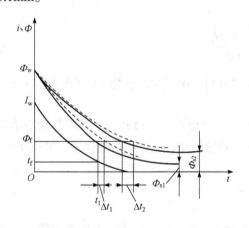　　　　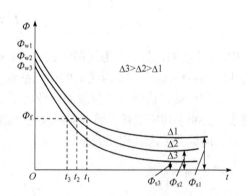

图 5-16　直流线圈短接时线圈电流与磁通的变化　　　图 5-17　不同厚度非磁性垫片对延时的影响

(2) 改变电磁系统反作用弹簧反力的大小也能改变延时时间，因为它改变了释放磁通值。这种延时调节方法是细调。

(3) 如果在同一磁路中套上一个阻尼筒(图 5-18)，由于它相当于只有一匝的短接线圈，因此，同样可以获得延时。改变阻尼筒的金属材料以及改变它的几何尺寸，即改变它的电阻值、它的电磁时间常数，就改变了延时时间值。

以上三种方法既可用于获取通电延时，也可用于获取断电延时，但在后一种场合，所得延时时间将会更长一些。

(4) 为了增大断电延时，对带阻尼筒的时间继电器可兼用短接线圈的方法。

线圈的发热和电源电压的波动也是影响延时稳定性的重要因素。因此，设计时应尽力降低线圈温升，而磁系统的磁通密度(磁感应强度)应选为高饱和。这样，温度和电源电压的

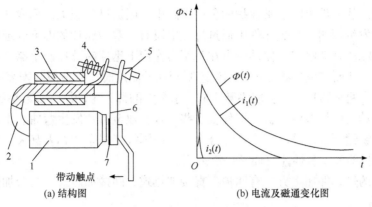

(a) 结构图　　　　　　　(b) 电流及磁通变化图

图 5-18　带阻尼筒的直流电磁式时间继电器
1-线圈；2-铁心；3-阻尼筒；4-反作用弹簧；5-调节螺钉；6-衔铁；7-非磁性垫片

变化就能在其使励磁磁动势变化时，磁系统的磁通变化不多，从而降低了上述两个因素的影响。

2) 电子式时间继电器

电子式时间继电器按构成原理可分为阻容式和数字式两种。按延时的方式又可分为通电延时型、断电延时型和带瞬动触点的通电延时型等三种。电子式时间继电器(阻容式)的原理框图如图 5-19 所示，全部电路由延时环节、鉴幅器、输出电路、电源和指示灯等五部分组成。

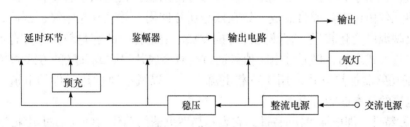

图 5-19　电子式时间继电器原理框图

6. 热继电器

热继电器是利用测量元件被电流通过发热元件时产生的热量加热到一定程度弯曲而推动机构动作的一种电器。它主要用于电动机的过载、断相及电流不平衡的保护，以及其他电气设备发热状态的控制。

热继电器的形式有许多种，其中常用的有：双金属片式、热敏电阻式、易熔合金式三种，最常用的是双金属片式热继电器。

双金属片式热继电器的工作原理如图 5-20 所示。双金属片是用两种线膨胀系数不同的金属片以机械碾压方式使之紧密黏合在一起的材料制成的，其一端被固定，另

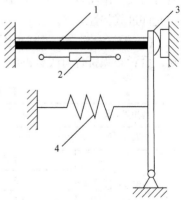

图 5-20　双金属片式热继电器
工作原理图
1-双金属片；2-热元件；3-动触点；4-弹簧

一端为自由端。热元件串联于被保护的负载电路中，因通过负载电流而发热。双金属片被热元件加热后发生弯曲。当热元件中通过过载电流时，双金属片的温度逐渐地升高，弯曲加大，其自由端离开动触点，使动触点在弹簧力作用下迅速断开控制电路，再经其他电器分断负载电路，从而实现过载保护。当温度降至初始温度时，双金属片恢复原状。

双金属片中两金属片的线膨胀系数不同，系数大的称为主动层，系数小的称为被动层。在受热后，主动层伸长多些，被动层伸长少些，致使双金属片发生弯曲。主动层多采用铁镍铬合金或铁镍锰合金，被动层为铁镍合金。它们因线膨胀系数相差甚大、弹性模数大且接近以及黏合性能和工艺性能好而被广泛采用。

热继电器的热元件加热方式有四种：直接加热式、间接加热式、复合加热式和电流互感器加热式(图 5-21)。

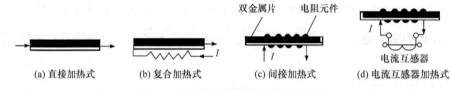

图 5-21　热继电器的热元件加热方式

直接加热式是以双金属片本身作为加热元件，让负载电流通过它，借助自身的电阻损耗产生热量加热，因此，具有结构简单、体积小、省材料、发热时间常数小和反映温度变化快等特点，但由于其发热量受到双金属片尺寸的限制，只适用于容量较小的场合。间接加热式的热元件由电阻丝或带制成，绕在双金属片四周，并且互相绝缘，因此，发热时间常数大、反映温度变化较慢，但热元件可按发热需要选择，故容量较大。复合加热式介于上述两种加热方式之间，热元件电阻值可通过与双金属片串联或并联的方式调整，应用较广泛。电流互感器加热方式多用于负载电流大时，以减小通过热元件的电流。

热继电器的基本性能有以下六个。

(1) 安秒特性。即电流-时间特性，它表示热继电器的动作时间与通过电流之间的关系，通常为反时限特性。为可靠地实现电动机的过载保护，热继电器的安秒特性应低于电动机的允许过载特性。

(2) 温度补偿。为了减小因环境温度变化引起的动作误差，热继电器应采取温度补偿措施，后者必须符合有关标准(表 5-3)。

表 5-3　三相热继电器三极通电动作特性

脱扣器形式	A[①]	B[②]	脱扣器时间 t/h	参考周围空气温度 $\theta/\text{℃}$
无温度补偿	1.05	1.20	2	注
有温度补偿	1.05	1.20	2	+ 20
	1.05	1.30	2	−5
	1.05	1.20	2	+ 40

注：周围空气温度可规定为−5～+40℃的任何值，推荐值为+ 20℃或+ 40℃。

①当电流为整定电流的 A 倍时，从冷态开始运行，热继电器在 2h 内不应动作。

②当电流升至整定电流的 B 倍时，热继电器在 2h 内动作。

(3) 热稳定性。即耐受过载电流的能力。对热元件的热稳定性要求是：在最大整定电流时，对额定电流为 100A 及以下的通以 10 倍最大整定电流、对额定电流在 100A 以上的通以 8 倍最大整定电流后，热继电器应能可靠地动作 5 次。

(4) 控制触点的寿命。热继电器的常开、常闭触点在规定的工作电流下，应能操作交流接触器的线圈线路 1000 次以上。

(5) 复位时间。热继电器的自动复位时间应不大于 5min，手动复位时间应不大于 2min。

(6) 电流调节范围。一般为 66%～100%，最大为 50%～100%。

三相热继电器仅二极通电时，即三相同时通以表 5-3 中 A 栏的整定电流时，加热 2h 应不动作；随后将任意一极断开，而将其余二极的电流增至表 5-3 中 B 栏整定电流的 110%，热继电器应在 2h 内动作。

有关"热继电器的结构原理"的详细内容可扫描二维码 5-1 继续学习。

7. 控制继电器的选择与应用　　　　　　　　　　　　　　　　二维码 5-1

由于时间继电器和热继电器具有特殊性，因此，只讨论这两种继电器的选择和应用。

1) 时间继电器的选用

(1) 根据控制线路组成的需要，确定使用通电延时型或断电延时型的继电器。

(2) 由于时间继电器动作后的复位时间应比固有动作时间长一些，否则，将增大延时误差甚至不能产生延时，因此，组成重复延时线路或动作频繁处应特别注意。

(3) 凡对延时要求不很高处，应采用价格较低的电磁阻尼式或气囊式时间继电器，反之则采用电动机式或晶体管式时间继电器。

(4) 电源电压波动大处，应采用气囊式或电动机式时间继电器，电源频率波动大处，不用电动机式时间继电器。

(5) 应注意环境温度的变化，凡变化大处，不应采用气囊式时间继电器。

(6) 对操作频率也应注意，如果过高，那么，不仅影响电寿命，还会导致动作失调。

2) 热继电器的选用

(1) 电动机的型号、规格和特性。从原则上来说，热继电器的热元件额定电流(热继电器额定电流级数不多，但每一级配有许多级额定电流的热元件)是按电动机额定电流选择，但对过载能力较差的电动机，热元件的额定电流就应适当小些(为电动机额定电流的 60%～80%)。

(2) 根据电动机定子绕组联结方式确定热继电器是否带断相运行保护。

(3) 保证热继电器在电动机启动过程中不致误动作。

(4) 如果电动机驱动的生产机械不允许停车或停车会造成重大损失，那么，宁可使电动机过载甚至烧坏，也不能让热继电器贸然动作。

(5) 在反复短时工作制时，应特别注意热继电器的允许操作频率。

5.2.4　低压接触器

1. 接触器的用途与分类

接触器是用于远距离频繁地接通和分断交直流主电路和大容量控制电路的电器，其主要控制对象是电动机，也可以控制其他电力负载，例如，电热器、照明灯、电焊机、电容器组等。

接触器的触头系统可以用电磁铁、压缩空气或液体压力等驱动，因此，它可分为电磁接触器、气动接触器、液压接触器等。随着电真空技术和电子器件的发展，真空接触器和电子式接触器也逐渐为工业所采用。本小节对用量最大的电磁式接触器进行较详细的讨论。

接触器按主触头所在电路的种类可分为交流接触器和直流接触器(表 5-4)。

表 5-4　接触器的分类

序号	分类原则	分类名称	序号	分类原则	分类名称
1	主触头所在电路的种类	交流	4	励磁线圈断电时的主触头位置	常开
		直流			常闭
2	主触头极数	单极			兼有常开及常闭
		二极	5	结构形式	直动式
		三极			转动式
		四极			杠杆传动式
		五极	6	励磁线圈电压种类	直流
3	灭弧介质	空气式			交流
		真空式	7	有无触头	有触头式
					无触头式

2. 结构和工作原理

电磁式接触器由电磁系统、触头系统、灭弧系统、释放弹簧机构、辅助触头及外壳组成。

1) 交流接触器

交流接触器是通断交流主电路的接触器。由于交流主电路大都是三相，因此，交流接触器的触头结构以三极为主。交流接触器的磁系统结构不仅有交流电磁机构的，而且有直流电磁机构和永磁电磁机构的。从交流接触器的整体结构看，它可分为转动式和直动式两大类型。交流接触器的额定电压目前主要是 380V、660V、1140V，高电压主要用于矿山、油田等。电流等级为 6～800A，甚至更大。励磁线圈的电压，交流操作时一般为 380V、220V，直流操作时一般为 220V、48V，还有其他等级的直流操作电压。对一般工业企业用的交流接触器，AC3 型的电寿命达 120 万次，机械寿命达 1000 万次；AC4 型的电寿命达 3 万次。

图 5-22 所示为交流接触器实物图。其中，图 5-22(a)为 CJ20 系列交流接触器，是国内 20 世纪 80 年代开发并统一设计的接触器产品。CJ20 系列交流接触器采用直动式双断点桥式触头结构，银氧化镉或银氧化锡作为触头材料，耐弧、耐磨损、抗熔焊。灭弧系统采用三种结构：40A 以上多采用多纵缝陶土灭弧罩，电弧能够迅速进入灭弧室内，增加冷却面积，加强灭弧效果；16～25A 采用带 U 形铁片的灭弧室，利用电弧电流通过 U 形铁片产生的磁场加快电弧运动，加快冷却和消电离；16A 以下接触器，不加装灭弧装置，利用双断

点触头自然灭弧。图 5-22(b)为 CJ19 系列交流接触器,是切换电容器的专用接触器,专门用于低压无功补偿设备中投入或切除并联电容器组,改善系统的功率因数。切换电容器组接触器带有抑制浪涌装置,能有效地抑制接通电容器组时出现的合闸涌流和开断过电压。图 5-22(c)为真空系列交流接触器,它以真空为灭弧和绝缘介质,主触头密封在真空管内,触头分离后,触头间隙将产生由金属蒸气和其他带电粒子组成的真空电弧。真空介质具有很高的绝缘强度,介质恢复速度非常快,真空电弧的等离子体迅速向四周扩散,一般在第一次电流过零时就可以熄灭电弧(燃弧时间一般小于 10ms)。由于触头被密封在真空容器中,适合矿山、油田、建材、化工等易燃易爆的工作场合。

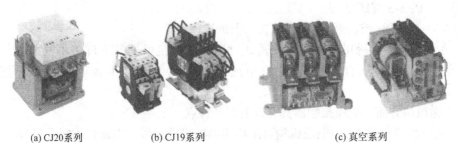

(a) CJ20系列　　　　(b) CJ19系列　　　　　　　(c) 真空系列

图 5-22　交流接触器实物图

有关"交流接触器的结构原理"的详细内容可扫描二维码 5-2 继续学习。

2) 直流接触器

直流接触器是通断直流主电路的接触器,供远距离接通与分断电路及直流电动机的频繁启动、停止、反转或反接制动控制以及电磁操作机构合闸线圈或频繁接通和断开电磁铁、电磁阀、离合器和电磁线圈等。

二维码 5-2

图 5-23 所示为直流接触器实物图。直流接触器的结构有立体布置和平面布置两种,电磁机构多采用绕棱角转动的拍合式结构。主触头采用双断点桥式结构或单断点转动式结构,有的产品是在交流接触器的基础上派生出来的,因此,直流接触器的工作原理与交流接触

图 5-23　直流接触器实物图

器基本相同。每个主触头都有一个初压力值和终压力值。所谓初压力就是衔铁完全打开时动静触头之间呈现的压力，此时触头弹簧被压缩至预先设定的初始工作高度。终压力就是衔铁完全闭合时动静触头之间呈现的压力，此时，触头弹簧被压缩至最终工作高度。从动静触头接触起(衔铁尚未全部闭合)到触头支架运动完毕(衔铁全部闭合)的行程称为触头的超额行程，简称超程，它是专为触头磨损后仍能可靠接触而设置的。从衔铁运动时刻起到动静触头接触的行程称为触头开距，它是为了可靠断开规定容量电弧设定的最短距离。

　　　有关"直流接触器静态吸反力特性及其配合的情况"的内容可扫描二维码 5-3 继续学习。

二维码 5-3　　　3) 交流接触器和直流接触器的比较

从触头系统和电磁机构来看，交流接触器和直流接触器具有许多不同之处。

在触头系统方面，直流电弧不存在电流过零时刻，因此，直流电弧较交流电弧熄灭更困难。

在电磁机构方面，交流接触器具有以下五个特点。

(1) 交流相位角的影响。电磁机构合闸相角的随机性导致了电磁机构吸合过程的励磁电流和磁路中的磁通、磁链以及铁心的运动速度等均随机变化，使得在某些相角下将出现合闸困难的现象，并直接影响触头系统的闭合振动，而触头系统的闭合振动与弹跳是影响接触器寿命的主要因素之一；电磁机构分闸相角的随机性还导致了电弧燃烧的不确定性，因此，会给交流开关电器的智能控制与电寿命预测带来很大的困难。

(2) 动作时间的分散性。电磁机构动作时间的分散性特点无论对交流电磁式接触器(电磁电器)还是对直流电磁式接触器都同样存在，造成了电磁式接触器的控制困难。对于需要快速动作的电磁式接触器影响更加明显。虽然微处理器控制系统的时间在微秒级以内，但是机构动作时间的分散性常常导致控制失败，并且随着开关电器的频繁工作，触头系统的磨损、机构的老化等因素将导致动作时间发生变化。因此，单方向的开环控制模式无法有效的完成交流电磁式接触器的智能控制。

(3) 工作电压范围窄。一般电磁式接触器的工作电压，按国家标准规定为 85%～110% 额定电压。当接触器在临界吸合电压工作时，极易产生持续的振动，当工作电压过高时，又容易引起线圈温升上升，导致线圈烧损现象，因此，为适应不同的工作电压，接触器的品种规格繁多，造成了加工麻烦。

(4) 分磁环的影响。单相控制电源的交流接触器，在吸持状态下会产生振动与噪声，因此，需要设计安装分磁环。分磁环往往成为交流接触器工作的弱点，其中，分磁环的断裂引起交流接触器机械寿命终止的现象较为普遍；再者，对于空调制冷行业的单相交流接触器来说，设计理想的分磁环，减少工作噪声，也是一个设计难点。

(5) 磁路中存在磁滞涡流损耗。对于交流接触器来说，虽然采用硅钢片的铁心结构，但其交变的磁场导致磁路中的铁损现象，仍然存在较大的损耗，并且给产品设计和磁路分析带来一定难度。

以上分析可以看出，为了克服传统交流励磁工作模式的交流电磁式接触器的交流电磁机构铁磁材料损耗大、分磁环易断裂、运行中交流噪声大、启动过程受吸合相角影响等缺点，目前常常采用直流励磁的工作模式。这样可以去掉分磁环，不受合闸相角的影响，并且能实现节能无声运行。因此，智能交流接触器的控制方案大都采用直流高电压启动、直流低电压保持的控制原理。

3. 主要技术参数

(1) 额定工作电压 U_n。

它是规定条件下能保证电器正常工作的电压、它与产品的通断能力关系很大。通常，最大工作电压即额定绝缘电压，并据此确定电器的电气间隙和爬电距离。一台接触器常规定数个额定工作电压，同时列出相应的额定工作电流(或控制功率)。当额定工作电压为 380V 时，额定工作电流可近似地认为等于额定控制功率的二倍。

根据我国的标准，额定电压应在下述标准数系中选取。

直流(V)：12、24、36、48、60、72、110、125、220、250、440。

交流(V)：24、36、42、48、127、220、380、660、1140。

(2) 额定工作电流 I_n。

它是由电器的工作条件，例如，工作电压、操作频率、使用类别、外壳防护形式、触头寿命等所决定的电流值，一般为 6.3～3150A。

(3) 使用类别与通断条件。

对低压接触器的使用类别及通断能力有一定的要求(表 5-5)。当然，在表 5-5 规定条件下，触头不应发生熔焊，并能可靠地熄弧。

表 5-5 接触器的使用类别和通断条件

电流种类	使用类别	用途分类	额定工作电流 I_n/A	接通条件			分断条件		
				$\dfrac{I}{I_n}$	$\dfrac{U}{U_n}$	$\cos\varphi$[①]或 L/R/ms	$\dfrac{I_b}{I_n}$	$\dfrac{U_r}{U_n}$	$\cos\varphi$ 或 L/R/ms
交流 AC	AC-1	无感或微感负载、电阻炉	全部值	1.5	1.1	0.95	1.5	1.1	0.95
	AC-2	绕线式电动机：启动、分断	全部值	4	1.1	0.65	4	1.1	0.65
	AC-3	感应异步电动机：启动、运转中断开	$I_n \leqslant 17$	10	1.1	0.65	8	1.1	0.65
			$17 < I_n \leqslant 100$	10	1.1	0.35	8	1.1	0.35
			$100 < I_n$	8[②]	1.1	0.35	6[③]	1.1	0.35
	AC-4	感应异步电动机：启动、反接制动、点动	$I_n \leqslant 17$	12	1.1	0.65	10	1.1	0.65
			$17 < I_n \leqslant 100$	12	1.1	0.35	10	1.1	0.35
			$100 < I_n$	10[④]	1.1	0.35	8	1.1	0.35

续表

电流种类	使用类别	用途分类	额定工作电流 I_n/A	接通条件			分断条件		
				$\dfrac{I}{I_n}$	$\dfrac{U}{U_n}$	$\cos\varphi^{①}$ 或 L/R/ms	$\dfrac{I_b}{I_n}$	$\dfrac{U_r}{U_n}$	$\cos\varphi$ 或 L/R/ms
直流 DC	DC-1	无感或微感负载、电阻炉	—	—	—	—	—	—	—
	DC-3	并励电动机：启动、反接制动、点动、动态分断	全部值	4	1.1	2.5	4	1.1	2.5
	DC-5	串励电动机：启动、反接制动、点动、动态分断	全部值	4	1.1	15	4	1.1	15

注：I_n、I、I_b 分别为额定工作电流、接通电流和分断电流；U_n、U、U_r 分别为额定工作电压、接通前电压和恢复电压。

① $\cos\varphi$ 的误差为 ± 0.05，L/R 的误差为 $\pm 15\%$。

② I 或 I_b 的最小值为 1000A。

③ I_b 的最小值为 800A。

④ I 的最小值为 1200A。

(4) 寿命。

接触器的寿命包括机械寿命和电寿命。接触器的机械寿命以其在需要维修或更换机械零件前所能承受的无载操作循环次数来表示。推荐的机械寿命操作次数为：0.001、0.003、0.01、0.03、0.1、0.3、0.6、1、3、10，百万次。接触器的电寿命于表 5-6 所列使用条件下，

表 5-6　与使用类别对应的电寿命试验条件

电流种类	使用类别	额定工作电流 I_n/A	接通条件			分断条件		
			$\dfrac{I}{I_n}$	$\dfrac{U}{U_n}$	$\cos\varphi$ 或 L/R/ms	$\dfrac{I_b}{I_n}$	$\dfrac{U_r}{U_n}$	$\cos\varphi$ 或 L/R/ms
交流 AC	AC-1	全部值	1	1	0.95	1	1	0.95
	AC-2	全部值	2.5	1	0.65	2.5	1	0.65
	AC-3	$I_n \leqslant 17$	6	1	0.65	1	0.17	0.65
		$I_n > 17$	6	1	0.35	1	0.17	0.35
	AC-4	$I_n \leqslant 17$	6	1	0.65	1	1	0.65
		$I_n > 17$	6	1	0.35	1	1	0.35
直流 DC	DC-1	全部值	1	1	1	1	1	1
	DC-3	全部值	2.5	1	2	1	1	2
	DC-5	全部值	2.5	1	7.5	1	1	7.5

注：表中各符号的意义以及关于 $\cos\varphi$ 和 L/R 的误差的规定均与表 5-6 一致。

无需修理或更换零件的负载操作次数来表示。除非另有规定，对于 AC-3 使用类别的电寿命次数，应不少于相应机械寿命次数的 1/20、且产品技术条件应规定此指标。日常使用时常遇到 AC-3、AC-4 两种使用类别混合工作的情况，此时的电寿命可按下式估算

$$x = \frac{A}{1 + C(A/B - 1)}$$

式中，x 为混合工作时的电寿命；A、B 分别为 AC-3 及 AC-4 使用类别的电寿命；C 为 AC-4 使用类别负荷在总操作次数中所占百分比。

(5) 操作频率和额定工作制。

操作频率是接触器每小时的允许操作次数，它分为九级，即每小时操作 1、3、12、30、120、300、600、1200、3000 次。操作频率直接影响到接触器的电寿命和灭弧室的工作条件，也将影响交流励磁线圈的温升。

对于频繁操作的接触器，当电寿命不能满足要求时就要降容使用，以保证必要的电寿命。如果已知平均操作频率和机器的使用寿命年限，那么，可根据图 5-24 求出需要的电寿命。

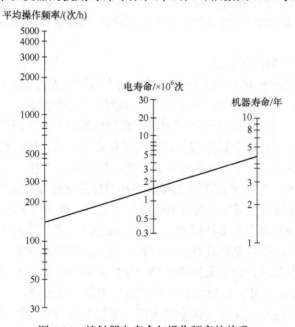

图 5-24　接触器电寿命与操作频率的关系

接触器的额定工作制有 8 小时工作制、不间断工作制、短时工作制及反复短时工作制四种。短时工作制的触头通电时间有 10、30、60、90min 四种。反复短时工作制由三个参数——通过电流值、操作频率和负载系数来说明。负载系数也称通电持续率，它是通电时间与整个周期之比，一般以百分数表示，其标准值有：15%、25%、40%、60%。

(6) 与短路保护电器的协调配合。

短路保护电器的种类有断路器和熔断器，它们应安装在接触器的电源侧，其短路分断能力应不小于安装点的预期短路电流。在接触器的正常工作电流范围内短路保护电器应不动作，在发生短路时则应及时并可靠地动作，切除故障电流。

4. 结构分析

(1) 主触头。

接触器的主触头有双断点桥式触头和单断点指形触头两种形式。前者的优点是具有两个有效的灭弧区域，灭弧效果好。通常，额定电压在380V及以下、额定电流在20A及以下的小容量交流接触器，利用电流自然过零时两断口处的近阴极效应即可熄灭电弧。额定电流为20～80A的交流接触器，在加装引弧片或利用回路电动力吹弧的条件下，再用双断口配合，就能有效地灭弧，但为可靠起见，有时还需加装栅片或隔板。如果额定电流大于80A，交流接触器的主触头虽是双断口的，那么，其灭弧室必须加装灭弧栅片或采用其他灭弧室。通常，双断口触头开距较小、结构较紧凑，体积又小，同时还不用软连接，所以，有利于提高接触器的机械寿命。然而，双断口触头参数调节不便，闭合时一般无滚滑运动，不能清除触头表面的氧化物，故触头需用银或银基合金材料制造，成本较高。单断口指式触头在闭合过程中有滚滑运动，易于清除表面上的氧化物，保证接触可靠，故触头可用铜或铜基合金材料制造，成本较低。但触头的滚滑运动会增大触头的机械磨损。由于只有一个断口，触头的开距要比双断口的大，因此，体积也较大，同时，动触头需通过软连接外接，以致机械寿命受到限制。

(2) 灭弧装置。

接触器的灭弧装置有下列三种。

① 利用触头回路产生的电动力拉长电弧，使之与陶土灭弧罩接触，为其冷却而熄灭。这种灭弧罩是最简单的灭弧装置，它适用于小容量的交流接触器。

② 栅片灭弧室。它主要用于交流接触器，利用电流自然过零时的近阴极效应和栅片的冷却作用熄弧。栅片一般由钢板冲制，它对电弧有吸引作用，故喷弧距离小，过电压低。但栅片会吸收电弧能量，所以，其温度高，对提高操作频率不利。

③ 串联磁吹灭弧。它主要用于直流接触器和重任务交流接触器。电弧在磁吹线圈产生的电动力作用下迅速进入灭弧室，为其室壁冷却而熄灭。灭弧室多由陶土制成，并有宽缝、窄缝、纵缝、横隔板及迷宫式多种形式。由于电弧的热电离气体易于逸出灭弧室，因此，热量易扩散，可用于操作频率较高处。但这种灭弧方式喷弧距离大、声光效应大、过电压也较高。熄灭交流电弧时，由于灭弧罩两侧的钢质夹板和吹弧线圈中的铁心内存在铁损，会使磁吹磁通与电流不同相，以致断开时可能发生电弧反吹现象。

为了防止电弧或电离气体自灭弧室喷出后，通过其他带电元件造成放电或短路，灭弧室外应有一定的对地距离，而且与相邻电器间也有一定的间隔。

(3) 防剩磁气隙。

当切断接触器的励磁线圈电路后，为防止因剩磁过大使衔铁不释放，在磁路中要人为地设置防剩磁非工作气隙，以削弱剩磁。对于直流电磁系统，多在其衔铁上设置一些铜质非磁性薄垫片。对于交流电磁系统，其小容量者多采用E形电磁铁，所以，可令其中极端面略低于两旁极端面，以此形成防剩磁非工作气隙；至于大容量者则多采用U形电磁铁，只能在其铁心底部设置一个防剩磁非工作气隙。

(4) 辅助触头。

辅助触头是接触器的重要组成部件之一，其工作的可靠性直接影响到接触器乃至整个控制系统的性能。因此，它多采用透明的密封结构，并做成具有 2 常开和 2 常闭或 3 常开和 3 常闭触头的形式，根据需要常开和常闭触头数还可以调整。辅助触头的工作电压为交流 380V 及以下、直流 220V 及以下，其额定电流一般为 5A 及以下，它是作为一个独立组件安装在底座或支架上。

有关"提高提触器寿命的主要措施"和"混合式低压交流接触器"的内容可分别扫描二维码 5-4 和二维码 5-5 继续学习。

二维码 5-4

二维码 5-5

5. 接触器的选用与故障分析

选择接触器时，应根据其所控制负载的工作属于轻任务、一般任务还是重任务，电动机或其他负载的功率和操作情况等，选择接触器的电流等级。再根据控制回路电源情况选择接触器的线圈参数，并根据使用环境选择一般的或特殊规格的产品。

接触器常见故障有以下六种。

(1) 通电后不能合闸或不能完全合闸，原因是线圈电压等级不对或电压不足，运动部件卡位，触头超程过大及触头弹簧和释放弹簧反力过大等。

(2) 吸合过程过于缓慢，其原因在于动、静铁心气隙过大，反作用过大，线圈电压不足等。

(3) 噪声过大或发生振动，其原因是分磁环断裂，线圈电压不足，铁心板面有污垢和锈斑等。

(4) 线圈损坏或烧毁，原因在于线圈内部断线或匝间短路、线圈在过压或欠压运行等。

(5) 线圈断电后铁心不释放，其原因有剩磁太大、反作用力太小、板面有黏性油脂、运动部件卡位等。

(6) 触头温升过高及发生熔焊，其原因是负载电流过大、超程太小、触头压力过小及分断能力不足、触头接触面有金属颗粒凸起或异物、闭合过程中振动过于激烈或发生多次振动等。

5.3 低压配电电器

低压配电电器是指在低压配电系统或动力装置中，用来进行电能分配、对线路和设备进行通断和保护的电器。它主要有刀开关、低压熔断器和低压断路器等。依靠人力来完成配电的称为手动配电电器；依靠信号操作来完成配电的称为自动配电电器。

在低压配电系统或动力装置中有各种各样的线路，所以，对低压配电电器的基本要求有：通断能力强、限流效果好、电动稳定性和热稳定性高、操作过电压低、保护性能完善等。它应能接通和分断短路电流，也能不频繁地接通和分断额定电流和过载电流。

本节对主要的低压配电电器的工作原理、结构、基本性能、用途、技术参数和使用等加以介绍。

5.3.1 刀开关

刀开关是一种手动电器，它的转换方式是单投的，如果是双投的则称为刀形转换开关。简单的刀开关主要用在负载切除以后隔离电源以确保检修人员的安全。有些刀开关由于采用了快速触刀结构，并装有灭弧室，也可以不频繁地接通和分断小容量的低压供电线路。刀开关还可与熔断器组合成为负荷开关及熔断器式刀开关(俗称刀熔开关)。

1. 刀开关的分类与工作原理

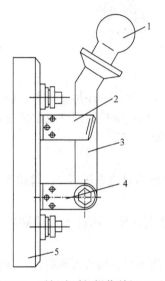

图 5-25　平板式手柄操作单极刀开关

1-手柄；2-静插座；3-触刀；
4-铰链支座；5-绝缘底板

刀开关按极数区分有单极、双极和三极；按结构区分有平板式和条架式；按操作方式区分有直接手柄操作式、杠杆操作式和电动操作式。

图 5-25 是平板式手柄操作单极刀开关，当触刀插入静插座时，电路接通；当触刀与静插座分离时，电路分断。电路断开时，触刀不带电。

绝缘底板一般用酚醛玻璃布板或环氧玻璃布板及陶瓷材料制造。绝缘手柄多用塑料压制。触刀材料为硬紫铜板，其他导电件用硬紫铜板或黄钢板制成。通常，额定电流为 400A 及以下者，触刀采用单刀片形式，插座以硬紫铜板拼铆而成，其外加弹簧片，以保证足够的接触压力。额定电流为 600A 及以上者，触刀采用双刀片形式，刀片分布在插座两侧，并用螺钉和弹簧夹紧，以利于散热，且两刀片所受电动力是互相吸引的，有利于提高接触压力以及电动稳定性。触刀与插座间的接触是线接触。刀开关在额定电压下通断负载电流时，会产生电弧。电弧一方面沿切线方向被机械地拉长；另一方面又在电动力作用下沿法线方向运动，使电弧冷却并被拉长。电弧的这两种运动都有利于熄弧。因为电动力与电流的平方成正比，所以，在刀开关分断较小电流(如几十安)时，主要靠机械拉长电弧而熄弧。分断较大电流时，作用于电弧上的电动力是熄灭电弧的主要因素。因此，刀开关的触刀长度并不需要随额定电流增大而加长。但刀开关分断较大电流时，要在各极间设绝缘隔板或每极加装灭弧罩，防止发生相间短路。

为缩短燃弧时间，从而减少电弧能量，有些刀开关采用了速断机构(图 5-26)。当主触刀离开静插座以后，电流全部从速断刀片通过。当主触刀离开静插座一定距离时，被拉长的拉力弹簧的弹簧力足以克服速断刀片与静插座间的摩擦力，使速断刀片迅速离开静插座，从而保护主触刀，并且使刀开关的分断速度与

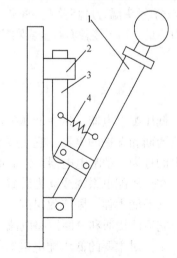

图 5-26　带速断刀片的刀开关

1-主触刀；2-静插座；3-速断刀片；4-拉力弹簧

操作者的操作速度无关。

2. 刀开关的主要技术参数

(1) 额定电压。在规定条件下保证电器正常工作的电压值。国内生产的刀开关的额定电压是交流(50Hz)1000V 及以下、直流 1200V 及以下。

(2) 额定电流。在规定条件下保证电器正常工作的电流值。国内生产的小电流刀开关的额定电流是 10~60A、大电流刀开关的额定电流是 100~4000A。

(3) 通断能力。在规定条件下电器能够接通和分断的电流值。无灭弧罩的刀开关不能通断电流,有灭弧罩的刀开关的通断能力是额定电流或过载电流。

(4) 动稳定电流(峰值耐受电流)。在规定条件下电器在闭合位置上能承受的电流峰值。刀开关的动稳定电流是其额定电流的几十倍到几百倍,因为刀开关在闭合位置上可能通过短路电流。

(5) 热稳定电流(短时耐受电流)。在规定条件下电器指定的短时间内在闭合位置上能承受的电流。刀开关的 1s 热稳定电流是其额定电流的几十倍。

(6) 机械寿命。电器在需要修理或更换零件前能承受的无载操作次数。刀开关是不频繁操作电器,其机械寿命一般是几千次到一万次。

(7) 电寿命。在规定的正常工作条件下,电器在需要修理或更换零件前能承受的负载操作次数。刀开关的电寿命一般是几百次到一千次。

3. 刀开关的选用

选用刀开关和刀形转换开关时,首先应根据它们在线路中的作用和安装位置确定其结构形式。如果刀开关仅作为隔离器用,只需选择无灭弧罩的产品;如果要求分断负载,那么,应选择有灭弧罩、并且由杠杆操作的产品。此外,还应根据操作位置(正面或侧方)、手柄操作或杠杆操作和接线方式(板前或板后)选择。确定结构形式后,就应根据线路电压和电流来选择。必须注意,仅考核正常工作电流是不够的,还应根据线路中可能出现的最大短路电流考核动、热稳定电流。如果动、热稳定电流越过了允许值,就要选择工作电流高 1~2 级的产品。

4. 熔断器式刀开关和负荷开关

刀开关和熔断器组合具有一定的接通和分断能力及短路分断能力,可作为不频繁地接通和分断电路用的手动式电器,其短路分断能力由熔断器的分断能力决定。刀开关和熔断器组合分为熔断器式刀开关、熔断器式隔离器和负荷开关。

负荷外关有开启式和封闭式两类。开启式负荷开关(俗称闸刀开关)结构最简单,它由瓷底座、熔丝、胶盖、触刀和触头等组成。其额定电流至 63A 者可带负荷操作(但用于操作电动机时,容量一般降低一半使用),额定电流为 100A 及 200A 的产品仅用作隔离器。

封闭式负荷开关(俗称铁壳开关)由触刀、熔断器、操作机构和钢板制成的外壳组成,如图 5-27 所示。操作机构与外壳之间装有机械联锁,使盖子打开时开关不能合闸,而手柄位于闭合位置时盖子不能打开,以保证操作安全。操作机构是弹簧储能式的,它能使触刀快速通断,且其分合速度与手柄操作速度无关。开关装有灭弧室。熔断器有用瓷插式,也有

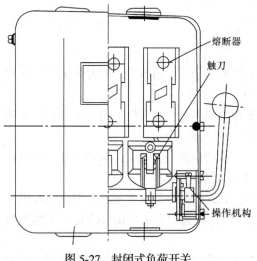

图 5-27　封闭式负荷开关

用高分断能力的有填料封闭管式，作为短路保护元件。

熔断器式刀开关俗称刀熔开关，它的结构与刀开关相似，但以熔断器作为触刀，并且通过杠杆来操作。

负荷开关应综合考虑对刀开关和熔断器的要求来选择。如果装在电源端作配电保护电器，应选用带高分断能力熔断器的产品；如果用在负载端，因短路电流较小，可选用带分断能力较低的熔断器或熔丝的产品。

闸刀开关中的熔丝一般由用户选配。用于变压器、电热器和照明电路时，熔丝的额定电流应等于或稍大于负荷电流；用于配电线路时，则应等于或略小于负荷电流；用于小容量电动机线路时，应为电动机额定电流的 1.5～2.5 倍，以免启动时误动作。

5.3.2　低压熔断器

低压熔断器是一种自动电器，主要用于低压配电系统的电路保护和过载保护。它串联在线路中，当电路发生过载或短路时，其熔体熔化并分断电路。它具有结构简单、体积小、重量轻、使用方便和价格便宜等优点，故被广泛应用于配电系统。由于其分断能力和限流能力已超过断路器，不仅能用于保护半导体元器件，而且可作为断路器的后备保护。其主要缺点是只能一次使用，更换熔断器也需一定时间，因此，恢复供电时间较长。

1. 熔断器的结构和工作原理

熔断器主要由熔断体、载熔件和熔断器底座组成。熔断体的典型结构如图 5-28 所示。它包括熔体(金属丝或片)、填料(或无填料)、绝缘管及导电触头。

熔断器与被它保护的线路及电气设备串联。当通过熔体的电流是正常工作电流时，熔体的温度低于其材料的熔点，熔断器不动作；当线路发生过载或短路故障时，通过熔体的电流增加，熔体电阻损耗增加，熔体发热，温度上升，达到熔体的熔点时，熔体熔断并分断电路，完成保护任务。

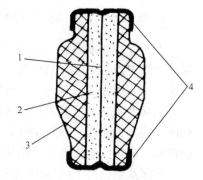

图 5-28　熔断体的典型结构
1-绝缘管；2-填料；3-熔体；4-导电触头

2. 低压熔断器的主要技术参数

(1) 额定电压。它是熔断器长期工作和分断线路时能够耐受的电压。目前，其额定电压等级有 220、250、380、500、660、750、1000、1140V 等。

(2) 额定电流。它是熔断器在长期工作制下各部件温升不超过极限允许温升所能承载的电流值。通常把熔断体内能装入最大熔体的额定电流称为熔断器的额定电流。为了与不同的线路电流配合，熔断器中熔体的额定电流等级很多。因此，对熔断器(或熔断体)与熔体的额定电流二者不可混淆。

(3) 保护特性。熔体通过的电流 I 与熔断时间 t 的关系曲线 $t = f(I)$ 称为熔断器的保护特性或安秒特性曲线，它是选用熔断器的重要依据之一(图 5-29)。它属反时限特性，即通过的电流值越大，熔断时间越短；反之亦然。当电流减小到某一临界值时，熔断时间将趋于无穷大，此电流称为最小熔化电流 I_0，它与熔体额定电流 I_n 之比 $\beta = I_0/I_n$ 称为熔化系数。它表征熔断器对过载的灵敏度，其值大于 1。从过载方面考虑，熔化系数小对小倍数(过载电流与熔体额定电流之比)过载有利。例如，对于电缆和电动机的保护，熔化系数值宜为 1.2~1.4。熔断器在保护不同的对象时，其允许过载通电的时间是不同的(图 5-30)。为了使熔断器的安秒特性与被保护对象允许的过载能力相匹配，熔断器的安秒特性应尽可能接近并低于被保护对象的允许过载特性。

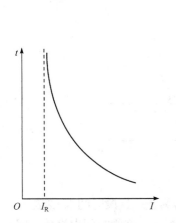

图 5-29　熔断器的保护特性曲线
t-熔断时间；I-通过熔断器的电流

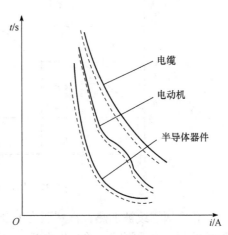

图 5-30　熔断器的安秒特性与被保护对象过载能力的匹配
实线-保护对象允许的通电时间-电流特性曲线；
虚线-熔断器的通电时间-电流特性曲线

(4) 分断能力。额定分断能力是指在规定使用条件(线路电压、功率因数或时间常数)下，熔断器所能分断的预期短路电流(对交流来说为均方根值)。

对于有限流作用的熔断器，其分断能力用预期短路电流和限流系数表示。预期短路电流是指被保护线路发生短路时可能出现的短路电流值(有效值)；限流系数是实际分断电流与预期短路电流最大值(交流电路中指峰值)之比。限流系数越小，则限流能力越强(图 5-31)。

(5) I^2t 特性。

熔断器的熔断过程大致分为四个阶段(图 5-32)。

① 熔断器的熔体因通过过载电流或短路电流而发热，其温度由起始温度 θ_0 逐渐上升到熔体材料的熔点 θ_m，但它仍处于固态，尚未开始熔化。这段时间以 t_{m0} 表示。

② 熔体的局部开始由固态向液态转化，但其熔化要吸收一些热量(熔解热)，所以，温度始终保持为熔点。这段时间以 t_m 表示。

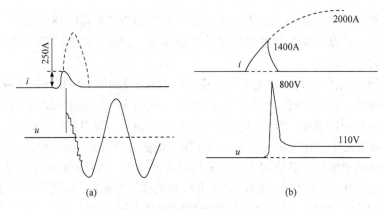

图 5-31　限流式熔断器的分断过程

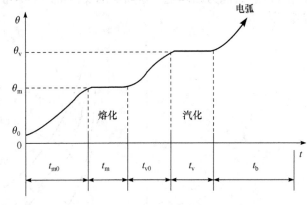

图 5-32　熔体的熔断过程

③ 已熔化金属继续被加热，直到温度上升到汽化点 θ_v 为止。这段时间以 t_{v0} 表示。

④ 熔体断裂，出现间隙，并产生电弧，直到该电弧被熄灭。这段时间由汽化时间 t_v 和燃弧时间 t_b 组成。

上述四个阶段实际上是两个连续的过程：未产生电弧之前的弧前过程；已产生电弧后的电弧过程。

弧前过程的主要特征是熔体的发热与熔化，即熔断器在此过程中的功能在于对故障作出的反应。此过程历时的长短是与过载倍数成反比。电弧过程的主要特征是电弧的生成、发展与熄灭，其持续时间取决于熔断器的有效熄弧能力。

熔断器的熔断时间是弧前时间与燃弧时间之和。在小倍数过载时，燃弧时间往往可以忽略不计，所以，熔断器的弧前电流-时间特性也就是保护特性。但当分断电流甚大时，燃弧时间已不容忽略，同时电流在 20ms 或更短的时间内即分断，以正弦波的有效值来分析电流的热效应已不妥当。因此，要通过积分形式 $\int_0^t i^2 \mathrm{d}t$ 来表示，即 I^2t 特性。通常，熔断器在熔断时间小于 0.1s 时是以 I^2t 特性表征其保护性能，在熔断时间大于 0.1s 后则以弧前电流-时间特性表征。

3. 低压熔断器的分类

低压熔断器种类很多。按产品结构形式分为半封闭插入式熔断器、无填料密封管式熔断器和有填料封闭管式熔断器。按用途分为一般工业用熔断器、半导体器件保护用快速熔断器和特殊熔断器(如自复熔断器等)。按使用对象分为专职人员(指具有电工知识或足够操作经验的熟练人员以及在他们监督下更换熔断体的操作人员)使用的熔断器、非熟练人员使用的熔断器和半导体器件保护用的熔断器。

按分断电流范围不同,熔断器内可装设:"g"熔断体——全范围分断能力熔断体,它能分断最小熔化电流至额定分断电流的全部电流;"a"熔断体——部分范围熔断体,它能分断规定最小分断电流(或最大分断时间)至额定分断电流的全部电流。按使用范围不同,熔断器内可装设:"G"熔断体—— 一般用途熔断体;"M"熔断体——电动机保护用熔断体。这四个符号是国际通用符号,并可组合使用,例如,"gG"表示全范围分断能力一般用途熔断体。

专职人员使用的熔断器在结构上不要求对偶然触及带电部件实行防护,但要求额定分断能力不小于 50kA。非熟练人员使用的熔断器就主要是强调安全性,至少应能防止手指触及带电部件,而分断能力可以稍低一些。

4. 低压熔断器的材料、结构对性能的影响

(1) 熔体材料。

熔体是熔断器的核心部分,熔体的材料、形状及尺寸直接影响到熔断器的性能。熔体材料有低熔点的金属和高熔点的金属两类。

低熔点材料有锡、锌、铅及其合金,一般用于开启式负荷开关、插入式熔断器及无填料密封管式熔断器中。由于低熔点材料熔点低,熔化时所需热量小,因此,熔化系数小,有利于小倍数过载保护。但低熔点材料的电阻率大,在一定的电阻值下熔体的截面积较大,所以,熔断后产生的金属蒸气较多,对熄弧不利,限制了分断能力的提高。

高熔点材料多用铜和银(近年来也用铝代替银),其电导率高,制成的熔体截面积较小,所以,熔断后金属蒸气少,易于熄弧,因而可以提高熔断器的分断能力,适宜用于大倍数过载(短路)保护。但这些材料的熔点较高(铜的熔点为 1083℃、银为 960℃、铝为 660℃),应注意处理熔化特性与长期工作时温升之间的矛盾。

快速熔断器的熔体一般用银或铝制成。银的电阻率最小,工作性能稳定,限流能力强;铝的电阻率略高,熔体表面产生一层牢固的氧化膜,可以阻止表面进一步氧化,性能也比较稳定,而且铝的价格便宜,具有很大的经济意义。普通熔断器多用铜作为熔体材料,有时以镀银方式来解决其表面氧化问题。

为了解决用高熔点金属熔体的熔断器在小过载倍数时熔断器导电触头温升过高的问题,可以充分利用高熔点材料和低熔点材料各自的优点、克服它们的缺点,采取"冶金效应"的技术措施。具体方法就是在高熔点金属的局部区段焊上低熔点金属(主要为锡),使其同时具有两类材料的优点(图 5-33)。当发生小倍数过载时,一旦焊有锡珠或锡桥的高熔点金属熔体的温度上升到锡的熔点，锡珠或锡桥便在较低的温度下率先熔化，包在高熔点材料外层，形成"熔剂"，使其处于外部为液态、内部为固态的合金状态下。此合金的熔点比高熔点金属的低，电阻率又增大了，所以，熔体在较低的温度下就能熔断。但当通过短路电流时，冶金效应不起作用，也不需要它起作用。

(2) 熔体形状。

熔体的形状大体有丝状和片状两种。丝状熔体多用于小电流场合。片状熔体以薄金属片冲制而成，常采用变截面形式(图 5-34)。它适用于较大电流的场合，有时还卷成对称筒状，以利散热和使热量和压力分布均匀。通过不同的熔体形状可以改变熔断器的安秒特性。在大倍数过载时，熔体的狭窄部分同时熔断，产生数段短弧。这既便于灭弧，又能降低出现的电弧电压峰值，同时还能降低各断口上的工频恢复电压值，使电弧不再重燃。额定电压越高，需要的断口数也越多。一般每个端口可承受的电压按 200～250V 来考虑。

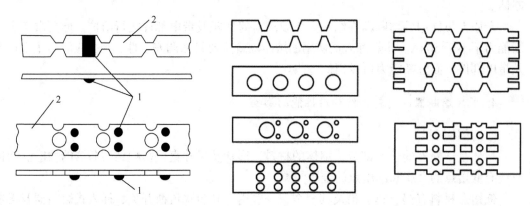

图 5-33　具有冶金效应的熔体　　　　　　图 5-34　各种不同形状的熔体
1-锡珠或锡桥；2-高熔点熔体

(3) 填充材料。

在绝缘管中装入填料是加速灭弧、提高分断能力的有效措施。熔体熔断后产生的金属蒸气会扩散到填料中而被急骤冷却。这就增加了消电离作用，有助于熄弧，同时还改善了熔断器的导热性能。

对填充材料的要求有：①热容量大，能吸收较多的电弧能量使其冷却；②在高温下不分解出气体，以免增大管中压力；③颗粒大小要适当，颗粒过大，空隙中气体膨胀所产生的压力过大，容易使绝缘管炸裂；颗粒过小，空隙太小，金属蒸气不容易扩散到填料的深处，形成液态金属桥，降低了灭弧能力；④不含铁等金属或有机物质，填装前填料必须做除铁、清洗和干燥处理。

填充材料主要有石英砂(SiO_2)和三氧化二铝砂(Al_2O_3)，三氧化二铝砂的性能优于石英砂，但由于石英砂的价格便宜，用得非常广泛的是石英砂。

(4) 绝缘管材料。

绝缘管材料应具有较高的机械强度和良好的耐弧性能。常用的有瓷管、滑石瓷，后者可以进行机械加工、耐高温和高压。这类绝缘管有方形的或圆形的，它们被广泛用于有填料熔断器中。绝缘管也有硬质纤维的(钢纸管或反白管),它常用于无填料密封管式熔断器中。纤维管在电弧的高温作用下能产生含氢气体,增大管内压力和导热能力,所以,有利于灭弧。当前,为了便于加工,也采用合成材料,例如,用浸硅有机树脂或浸三聚氰胺的玻璃纤维压制绝缘管等。

5. 低压熔断器的选用

合理地选用熔断器对保障线路和设备的安全具有重要意义。

选用熔断器的基本原则如下。

(1) 熔断器的额定电压应等于或大于线路的额定电压。

(2) 熔断器的额定分断能力应不小于线路中可能出现的最大故障电流。

(3) 根据不同的用途选择不同的熔断器,使其保护特性能与保护对象的过载特性相匹配。例如,一般用途的熔断器主要用于线路及电缆的保护;电动机线路保护用的熔断器应考虑到电动机的启动与允许过载特性;半导体器件保护用熔断器应具有强截流性能,并且其 I^2t 特性应能与半导体器件的 I^2t 特性相匹配;后备保护用熔断器是部分范围分断能力的熔断器,主要用于主配电线路的保护或作为其他开关电器(如断路器、接触器)的后备保护;而用于一些其他特殊条件下的熔断器,对它们又各有其特殊的要求。例如,在电动机线路中用作短路保护时,应考虑电动机的启动条件,对于启动时间不长或不常启动的电动机,其熔体的额定电流 I_n 就可按下式确定:

$$I_n = I_s / (2.5 \sim 3.0)$$

而在启动时间长或较频繁启动的场合,熔体的额定电流则按下式确定:

$$I_n = I_s / (1.6 \sim 2.0)$$

式中, I_s 为电动机的启动电流。

(4) 为了满足选择性保护的要求,上、下级熔断器应根据其保护特性曲线上的数据和实际误差来选择。例如,两熔断器时间方面的裕度以 10%计,则必须满足下列条件:

$$t_1 = \left(\frac{1.05 + \delta\%}{0.95 - \delta\%} \right) t_2$$

式中, $\delta\%$ 为熔断器的熔断时间误差; t_1 为对应于故障电流值从特性曲线查得的上级熔断器熔断时间; t_2 为对应于故障电流值从特性曲线查得的下级熔断器熔断时间。

如果产品说明书未给出 $\delta\%$ 值,一般取 $t_1 \geqslant 3t_2$ 。

(5) 根据被保护器件中的额定 I^2t 值选择熔断器时,例如,保护对象为半导体器件,应先从标准中查出其 I^2t 值,再从熔断器的 I^2t 特性中查出所选用熔断器的 I^2t 值。显然,熔断器的 I^2t 值必须小于保护对象的 I^2t 值。

(6) 半导体器件的参数中规定了反向重复峰值电压 U_{RRM} 。熔断器与之配合使用时,熔断器上出现的最大电弧电压(峰值) U_{Amax} 必须低于该 U_{RRM} 值。熔断器的最大电弧电压 U_{Amax} 与工作电压的关系由制造厂提供。

(7) 选择半导体器件保护用熔断器时,应注意电流值的换算。半导体器件的额定电流值一般用正向平均电流 $U_{A(av)}$ 或通态平均电流 $U_{S(av)}$ 表示，而熔断器的额定电流则以有效值表示。因此，应将平均电流换算成相应的正向均方根电流 $I_{F(RMS)}$ 或通态均方根电流 $I_{S(RMS)}$ 后，再选择熔断器。换算关系式为

$$I_{F(RMS)} = (\pi/2)I_{F(av)} \approx 1.6 I_{F(av)}$$

$$I_{S(RMS)} = (\pi/2)I_{S(av)} \approx 1.6 I_{S(av)}$$

熔断器的运行故障大都是断相，其原因是：当三相电路中有两相熔断器已熔断，而更换时仅更换了这两相，则未更换的一相因已受损导致以后率先熔断，形成断相故障。凡遇这类情况，宜同时更换三相熔断器。若频繁发生故障，除应更换故障处的熔断器还应检查上一级的是否已受损。检查方法是测量其电阻值，当它比新熔断器的电阻值大 10%时，应予以更换。

5.3.3　低压断路器

低压断路器是能接通、承载以及分断正常电路条件下的电流，也能在规定的非正常电路(如短路)条件下接通、承载一定时间和分断电流的开关电器。它是低压配电系统中重要的保护电器之一。当线路发生过载、短路或电压过低等故障时，能自动分断线路，保护电气设备和线路。而在正常情况下，它又可用于非频繁地接通与分断线路。断路器的特点是分断能力高，具有多种保护功能，保护特件较完善。断路器的品种较多，可分别用于各种线路及电动机的通断和保护，有的产品还能进行漏电保护。

1. 低压断路器的工作原理与分类

以三极断路器(图 5-35)为例，介绍低压断路器的工作原理。主触头是常开触头，串联在三相电路中，用于接通和分断主电路。图中所示为主触头处于闭合位置，此时，传动杆由锁扣钩住，分断弹簧被拉伸。过电流脱扣器与主电路串联，当主电路电流是正常值时，过电流脱扣器的衔铁处于释放位置；当主电路电流超过规定值时，其衔铁吸合，顶杆向上将

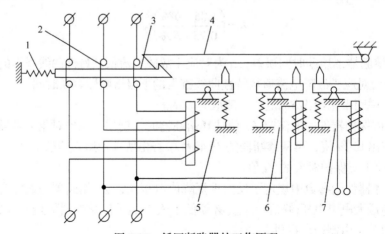

图 5-35　低压断路器的工作原理

1-分断弹簧；2-主触头；3-传动杆；4-锁扣；5-过电流脱扣器；6-欠压脱扣器；7-分励脱扣器

锁扣顶起，分断弹簧使主触头分断(或称分闸)。欠压脱扣器与主电路并联，当主电路电压是正常值时，其衔铁处于吸合位置；当主电路电压低于规定值时，其衔铁释放，顶杆向上将锁扣顶开，使主触头分断。分励脱扣器由控制电源供电，它可以根据操作人员的命令或其他信号使线圈通电，其衔铁吸合，顶杆向上将锁扣顶开，使主触头分断。

低压断路器包含的主要组成部分有：①触头系统；②灭弧系统；③各种脱扣器；④开关机构；⑤框架或外壳。

低压断路器的品种较多，可按用途、结构特点、限流性能、电流和电压种类等不同方式分类。

(1) 按用途区分，有配电线路保护用、电动机保护用、照明线路保护用和漏电保护用断路器。

(2) 按结构区分，有万能式(金属框架式)和装置式(塑料外壳式)断路器。

(3) 按极数区分，有单极、二极、三极和四极断路器。

(4) 按限流性能区分，有限流式和普通断路器。

(5) 按操作方式区分，有直接手柄操作式、杠杆操作式、电磁铁操作式和电动机操作式断路器。

2. 结构分析

主要以万能式(金属框架式)和装置式(塑料外壳式)断路器为例进行分析。

(1) 万能式断路器。

万能式断路器有普通式和限流式两种。其结构特点是将所有的零部件都安装在一个金属框架上，并有平面和立体布置两种形式。前者安装检修比较方便，但安装面积较大；后者则反之。万能式断路器一般均为敞开式，保护方案较多，操作方式也多种多样。

有关"万能式断路器"的详细内容可扫描二维码 5-6 继续学习。

(2) 装置式断路器。

装置式断路器主要的结构特点是把断路器的触头系统、灭弧室、机构和脱扣器等零部件都装在一个塑料壳体内。其结构简单、紧凑、体积小、使用较安全、价格低。但是，其通断能力较低，保护方案和操作方式种类也较少。装置式断路器同样可分为普通型和限流型。

有关"装置式断路器"的详细内容可扫描二维码 5-7 继续学习。

二维码 5-6

二维码 5-7

3. 低压断路器的主要技术参数

(1) 额定电压。

　　低压断路器的额定电压分为额定工作电压 U_n 和额定绝缘电压 U_i 两种。低压断路器的额定工作电压是指与通断能力及使用类别相关的电压值，对三相交流电路来说是指线电压。国家标准规定交流电压为 220V、380V、660V 及 1140V(50Hz)，直流电压为 110V、220V、440V 等。在不同的额定工作电压下，同一个低压断路器有不同的通断能力。

　　额定绝缘电压是决定开关电器的电气间隙和爬电距离的电压，它决定了断路器的主要尺寸和结构。额定绝缘电压通常就是低压断路器的最大工作电压。

　　(2) 额定电流。

　　低压断路器的额定工作电流 I_n 就是过电流脱扣器的额定电流，也是低压断路器的额定持续工作电流，按规定有几十个等级。

　　(3) 额定短路分断电流。

　　低压断路器的额定短路分断电流 I_c 是指在规定的使用条件下、分断的预期短路电流。它又分为额定极限短路分断电流 I_{cu} 和额定运行短路分断电流 I_{cs}。

　　额定极限短路分断电流是指低压断路器在规定的试验电压、功率因数(或时间常数)以及规定的试验程序下，分断的预期短路电流(交流电路中以有效值表示)。其试验程序为

$$O\text{-}t\text{-}CO$$

其中，O 为分断动作，CO 为在接通后紧接着分断，t 为两个相继动作之间的时间间隔。

　　额定运行短路分断电流是指低压断路器在规定的试验电压、功率因数(或时间常数)及相应的试验程序下，比额定极限短路分断电流小的分断电流值。其试验程序为

$$O\text{-}t\text{-}CO\text{-}t\text{-}CO$$

在额定运行短路分断电流试验后，要求低压断路器仍能在额定电流下继续运行。而在额定极限短路分断电流试验后，则无此项要求。因此，额定极限短路分断电流是断路器的最大分断电流。

　　(4) 额定短路接通电流。

　　额定短路接通电流是指低压断路器在规定的工作电压、功率因数(或时间常数)下能够接通的短路电流，它以最大预期电流峰值表示。

　　低压断路器要求的最小额定短路接通电流与额定短路分断电流之间有一定的比例关系，它主要由短路电流冲击系数决定。标准中规定了它们之间的关系(表 5-7)。

表 5-7　低压断路器的最小额定短路接通电流与额定短路分断电流之间的关系

额定短路分断电流 I_c/kA	功率因数	要求的最小短路接通电流
$I_c \leqslant 1.5$	0.95	$1.41I$
$1.5 < I_c \leqslant 3$	0.9	$1.42I$
$3 < I_c \leqslant 4.5$	0.8	$1.47I$
$4.5 < I_c \leqslant 6$	0.7	$1.53I$
$6 < I_c \leqslant 10$	0.5	$1.7I$

额定短路分断电流 I_c/kA	功率因数	要求的最小短路接通电流
$10 < I_c \leqslant 20$	0.3	$2.0I$
$20 < I_c \leqslant 50$	0.25	$2.1I$
$50 < I_c$	0.2	$2.2I$

(5) 额定短时耐受电流。

低压断路器的额定短时耐受电流是指断路器处于合闸状态下、短时耐受一定时间短路电流的能力。它包括耐受短路冲击电流(峰值)下的电动力的作用和短路电流(周期分量有效值)的热效应。

(6) 保护特性与寿命。

保护特性是指断路器的时间-电流特性,它随配电用和电动机保护用的不同而要求不同。对漏电保护断路器还规定了额定漏电动作电流、动作时间和额定漏电不动作电流。

(7) 寿命。

寿命分机械寿命和电寿命,以操作次数表示。低压断路器的寿命一般为数千次至一、二万次,远比控制电器低。

4. 低压断路器的选用

低压断路器的一般选用原则如下。

(1) 低压断路器的类型应根据线路及电气设备的额定电流和对保护的要求来选择。额定电流较小、短路电流不大时,可选用普通装置式低压断路器;短路电流相当大时,可选用限流装置式或限流万能式低压断路器;额定电流相当大或需要选择型保护功能时,可选用万能式低压断路器。

(2) 低压断路器的额定工作电压等于或大于线路的额定电压。

(3) 低压断路器的额定工作电流等于或大于线路的额定电流。

(4) 低压断路器的额定短路通断能力等于或大于线路中的最大短路电流。

(5) 低压断路器的过电流脱扣器的额定电流等于或大于负载工作电流。

(6) 低压断路器的欠电压脱扣器的额定电压等于线路的额定电压。

(7) 由于低压断路器的种类繁多,应按不同需要选择不同用途的低压断路器,例如,配电用断路器、电动机保护用断路器及照明、生活保护用断路器等。

(8) 在配电系统中,上、下级断路器及其他电器保护特性间的配合,要考虑上、下级整定电流和延时时间的配合。例如,上级断路器的短延时整定电流应等于或大于 1.2 倍下级断路器的短延时或瞬时(若下级无短延时)整定电流,上、下级一般时间阶梯为 2~3 级,每级之间的短延时时差为 0.1~0.2s,视断路器短延时机构的动作精度而定(图 5-36)。

(9) 当低压断路器与熔断器配合使用时,熔断器应当作为低压断路器的后备保护使用。因此,两者保护特性的交点对应的电流必须小于低压断路器的分断能力,即当出现比该电流小的短路电流时由低压断路器来分断,反之则由熔断器来分断。

二维码 5-8

有关"低压组合电器和成套电器"的内容可扫描二维码 5-8 继续学习。

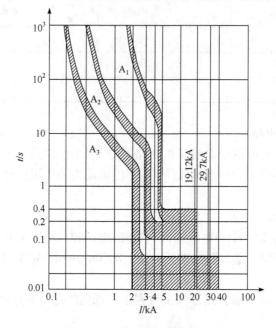

图 5-36　断路器保护特性的配合

A₁-变压器主保护用第一级断路器；A₂-配电支路保护用第二级断路器；A₃-电动机保护用第三级断路器

第6章 高压电器

6.1 高压电器的共性问题

高压电器是额定电压为 3kV 及以上的电器，它可以在线路中用于关合、开断、保护、控制、调节和测量，在电能的生产、传输、分配和输电系统的保护等领域都需要各种各样的高压电器。

6.1.1 高压电器的分类

按照用途不同，高压电器主要分为如下三种。

1) 开关电器

主要用来关合与开断正常或故障电路、或用来隔离高压电源的电器，根据性能不同又可分为以下五种。

(1) 高压断路器。能关合与开断正常情况下的各种负载电路(包括空载变压器、空载输电线路等)，以及已发生短路故障的电路，而且能实现自动重合闸的要求，因此，它是开关电器中性能最全的一种电器。

(2) 高压熔断器。当线路负荷电流超过一定值或发生短路故障时，能自动开断电路。电路开断后，它必须更换部件才能再次使用。

(3) 负荷开关。只能在正常情况下关合和开断电路，而不能开断短路电流。

(4) 隔离开关。用来隔离电路或电源，只能开断很小的电流，例如，长度很短的母线空载电流、小容量变压器的空载电流等。

(5) 接地开关。检修高压与超高压线路电气设备时，用于确保人身安全，也可用来人为地制造电力系统接地短路，以达到控制和保护的目的。

2) 测量电器

(1) 电流互感器。用来测量高压线路中的电流，供计量与继电保护用。

(2) 电压互感器。用来测量高压线路中的电压，供计量与继电保护用。

3) 限流与限压电器

(1) 电抗器。用来限制发生故障时的短路电流，也可用来补偿功率因数和滤波。

(2) 避雷器。用来限制过电压，使电力系统中的各种电气设备免受大气过电压和内过电压等的危害。

现用图 6-1 说明各种高压电器元件在电力系统中的作用。

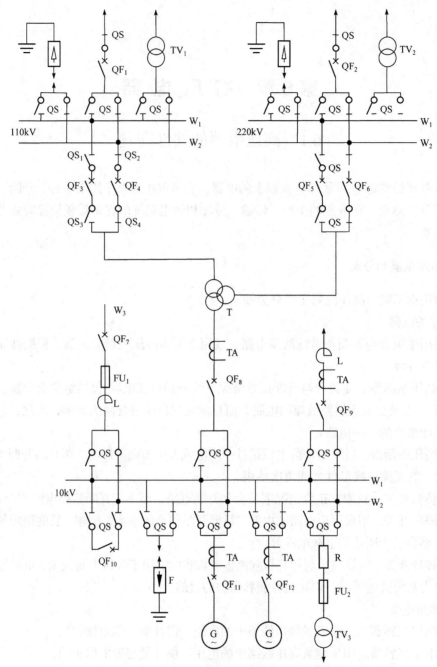

图 6-1　电力系统中的各种高压电器元件

G-发电机；W-母线；QF-断路器；QS-隔离开关；FU-熔断器；TA-电流互感器；

TV-电压互感器；T-变压器；L-电抗器；F-避雷器；R-电阻器

（1）断路器或负荷开关可人为地关合与开断某些电路，而断路器和熔断器可开断短路电流。

（2）采用双线制供电，当 110kV 母线 W_1 需停电检修、负荷应从母线 W_1 倒换到 W_2

时，可先关合隔离开关 QS_2 和 QS_4，然后，关合断路器 QF_4 使 W_2 带电。随后借各支路中的隔离开关使负荷转移到 W_2 上，最后，开断断路器 QF_3、隔离开关 QS_1 和 QS_3，使 W_1 不再带电。

(3) 需检修断路器 QF_1 时，先令其开断电路，再将其两侧的隔离开关开断，保证断路器与电源隔离并可靠接地，才能对它进行检修。

(4) 110kV、220kV 及 10kV 母线电压由电压互感器 TV_1、TV_2 及 TV_3 测量。各线路中的电流由串接于线路中的电流互感器 TA 测量。

(5) 避雷器用来限制过电压，电抗器用来限制短路电流，电阻器用来配合熔断器限制电流。

6.1.2 对高压电器的基本要求

高压电器应满足下列基本要求。

(1) 能承受工频最高工作电压的长期作用和内部过电压及外部过电压的短时作用，因此，对绝缘要求很高，应满足国家标准规定的要求。

(2) 在额定电流下长期运行，温升符合国家标准，并且有一定的短时过载能力。

(3) 有足够的热稳定性和电动稳定性，能承受短路电流的热效应和电动力效应而不致损坏。

(4) 能够迅速可靠地切断额定开断电流,提供继电保护和测量用信号的电器还要求符合规定的测量精度。

(5) 能承受大气压力、环境温度以及风、霜、雨、雪、雾和冰等自然条件的作用。

高压断路器是高压电器中结构最复杂、功能最全面的开关电器，因此，对高压断路器的要求比其他高压电器高得多，应满足下列基本要求。

(1) 开断短路故障。

因短路电流比正常负荷电流大很多，可靠地开断短路故障就成为高压断路器主要的、也是最困难的任务。

(2) 关合短路故障。

电力系统中的电气设备或输电线路可能在未投入运行前已存在绝缘故障，甚至处于短路状态，即"预伏故障"。当断路器关合有预伏故障的线路时，在关合过程中触头间会在电压作用下发生预击穿，随即产生短路电流。这时产生的电动力对关合会造成很大的阻力，以致触头间持续燃弧，并导致断路器损坏或爆炸。为防止发生这类情况，断路器应具有足够的短路电流关合能力，它用额定短路关合电流 I_{nm}(峰值)表示。

(3) 快速分断。

电力系统发生短路故障后，要求继电保护系统动作和断路器开断电路越快越好，这样可以缩短故障存在时间，减弱短路电流对电气设备的危害。更重要的是在超高压电力系统中，缩短短路故障存在时间可增大电力系统的稳定性，从而保证输电线路的送电能力(图 6-2)。

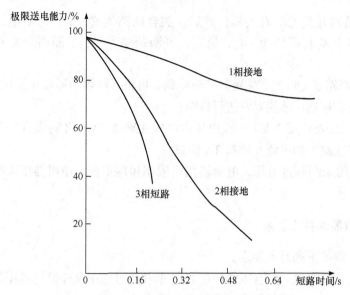

图 6-2   短路时间对输电线路送电能力的影响

断路器的全开断时间 $t_0(s)$ 是从断路器接到分闸信号起至短路电流开断(电弧熄灭)为止的全部时间，即固有分闸时间 t_1 与燃弧时间 t_2 之和。它是标志断路器短路电流开断能力的重要参数(图 6-3)，应力求缩短 t_1 和 t_2 之和。

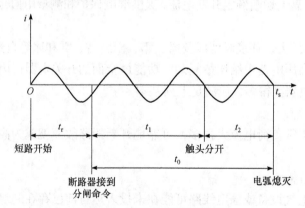

图 6-3   断路器的开断时间

t_r-继电保护动作时间；$t_0 = t_1 + t_2$-断路器的全开断时间；$t_s = t_r + t_0$-短路故障时间

(4) 自动重合闸。

架空线路的短路故障大都是雷害或鸟害等临时性故障。因此，为提高供电可靠性并增大电力系统稳定性，线路保护多采用自动重合闸方式。短路故障发生时，根据继电保护装置发出的信号，断路器开断故障电路；经短时间 θ 后又自动关合电路。如果重合后短路故障仍未消除，那么，断路器将再次开断电路。此后，有时由运行人员在断路器开断一定时间(如 180s)后再次发出合闸信号，让断路器关合电路，这叫强送电。如果强送电后故障仍未消除，断路器还需开断一次短路故障。上述操作过程称为自动重合闸操作顺序，并表示为

"分—θ—合分—t—合分"

其中，θ 为自动重合闸无电流间隔时间，通常取 0.3~0.5s；t 为两次合分的间隔时间，一般为 180s。

采用自动重合闸的断路器在短时内应能可靠地连续关合和分断数次短路故障，这比仅开断一次的负担严重很多。为提高系统的稳定性，断路器动作时间越短越好，提高其分合闸速度是缩短短路故障时间行之有效的方法。

电动机、变压器、电容器组以及电缆线路等的保护断路器，一般不采用自动重合闸，它只需满足非自动重合闸操作顺序，即

"分—t—合分—t—合分"

(5) 允许合分次数(寿命)。

断路器应具有一定的允许合分次数以保证足够的工作年限。标准规定一般断路器的机械寿命为 2000 次。控制电容器组、电动机等经常操作的产品，其机械寿命应更长些。为延长检修周期，断路器还应有足够的电寿命，其中，用于保护和控制等经常操作者，电寿命应达数千次。电寿命也可用累计开断电流值(kA)表示。

用于户外的高压电器应能承受大气压力、环境温度以及风、霜、雨、雪、雾、冰甚至地震等自然条件的作用，而不影响其工作。无特殊说明时，高压电器应能在海拔不超过 1000m、环境温度为 – 40~+ 40℃(户外式)或 – 5~+ 40℃(户内式)的条件下正常工作。运行中户外风速不超过 3m/s，户内空气相对湿度不超过 90%(+25℃时)，地震烈度不超过 8 度。

断路器开断短路电流时往往伴随着排气、喷烟、喷高温气体和产生噪声等现象，它们不应过分强烈，以免影响周围设备的正常工作。

6.1.3　高压电器的技术参数

高压电器的基本技术参数如下。

(1) 额定电压 U_N(有效值)。高压电器正常工作的线电压有 3、6、10、20、35、66、110、220、330、500、750、1000kV 等电压等级。其中，35kV 及以下称为中压级，66~220kV 称为高压级，330~750kV 称为超高压级，而交流 1000kV 和直流 800kV 及以上称为特高压级。

(2) 最高工作电压 U_m(有效值)。高压电器可以长期使用的最高工作线电压。

(3) 额定电流 I_N(有效值)。高压电器在额定频率下能长期通过而各个金属和绝缘部分的温升又不超过长期工作时的极限允许温升的工作电流。

(4) 额定开断电流 I_{Nk}(有效值)。高压电器在规定条件下能保证开断的最大短路电流。

(5) 动稳定电流(峰值耐受电流)I_F(峰值)。在规定条件下高压电器在合闸位置能承受的电流峰值。

(6) 热稳定电流(短时耐受电流)I_k(有效值)。在规定条件下及规定时间内，高压电器在合闸位置能承受的电流有效值。

(7) 固有分闸时间 t_{gf}。从高压电器接到分闸命令起到所有极的触头都分离瞬间止的时间

间隔。

(8) 燃弧时间 t_{rh}。从一相首先起弧瞬间起到所有极中的电弧熄灭止的时间间隔。

(9) 全分断时间 t_{kd}。从高压电器接到分闸命令起到所有极中的电弧都熄灭止的时间间隔。它是固有分闸时间和燃弧时间之和。

(10) 合闸时间 t_{hz}。从高压电器接到合闸命令起到所有极的触头都接触止的时间间隔。

(11) 额定短路关合电流 I_{Ng}(峰值)。在额定电压下高压电器能闭合且不造成触头熔焊的电流。它的大小通常等于动稳定电流。

6.1.4　高压电器的特点

高压电器与电力系统中其他电工设备相比有以下特点。

(1) 高压电器包括的范围很广,各种电器设备都是电力系统中的重要设备,任一环节出现问题都将对电力系统造成严重的危害,因此,要求高压电器的性能必须绝对可靠。在设计、加工装配、调整、检验、运行、维修方面都要精心,以保证在各种环境下、各种工作过程中都不出故障,而且对周围环境也不带来有害的影响。

(2) 绝大部分高压电器都在户外工作,要经受酷暑严寒、风吹雨打的考验。特别是对于具有运动部分的高压电器来说,做到不进水、不锈蚀、不拒动、不误动是非常复杂的事情。

(3) 高压电器涉及的物理问题很多,特别是电弧的物理过程和有关电弧的理论分析、设计方法。一种新结构的高压断路器要经过大量试验研究才能成功。因此,高压断路器的实验设备和试验技术对高压断路器的发展起着决定性的作用。

(4) 高压电器的种类很多,结构和原理也不尽相同。以高压断路器为例,从每户原理上就有多油、少油、空气、六氟化硫、真空、磁吹、自产气等类型;操动机构又有手动、电磁、弹簧、气动、液压等结构。即使同一类型的高压断路器,由于生产厂家、生产年代、技术参数的不同,在结构上又常有很大的差别。因此,高压电器的设计很难形成一套较为完整的设计方法。

6.2　高压断路器

6.2.1　概述

1. 高压断路器的用途和结构

高压断路器是电力系统中最重要的高压开关电路,它能够开断与闭合正常线路,主要用于电力系统发生短路故障时自动切断电力系统的短路电流。

高压断路器由下列三个部分组成。

(1) 开断部分。包括触头系统和灭弧室。

(2) 操作和传动部分。包括操作能源和传递能量的各种传动机构。

(3) 绝缘部分。包括处于高电位的带电零部件和触头系统与低电位绝缘的绝缘件,以及处于高电位的动触头系统与处于低电位的操作机构的绝缘连接件等。

2. 高压断路器的分类

根据灭弧介质和原理的不同，高压断路器可分为以下五种。

(1) 油断路器。利用油作为灭弧介质的断路器。油断路器又分多油式与少油式两种：前者以油为灭弧介质和主要绝缘介质；后者油仅为灭弧介质，目前在中压级应用较广。

(2) 真空断路器。指触头在真空中开断、利用真空来绝缘和灭弧的断路器，其真空度应在 10^{-4}Pa 以上，在中压级及特殊场合使用较广。

(3) 气吹断路器。利用气体进行灭弧的断路器，包括压缩空气断路器和 SF_6 断路器。前者以压缩空气为灭弧介质，吹弧压力通常为 1013～4052kPa；后者以 SF_6 气体为灭弧介质，吹弧压力通常为 304～1520kPa。压缩空气断路器现已逐渐少用，而 SF_6 断路器在高压及超高压系统中应用得越来越广。

(4) 自产气断路器。利用固体产气材料在电弧高温作用下分解出的气体灭弧的断路器。

(5) 磁吹断路器。利用电磁力吹弧的断路器。它是在空气中借磁场力将电弧吹入灭弧栅中使之拉长和冷却而熄灭。

根据断路器对地绝缘方式的不同，高压断路器可以分为以下两种。

(1) 金属箱(或罐)接地型。其结构特点是触头和灭弧室均装在接地金属箱中，导电回路以绝缘套管引入(图 6-4)。它的主要优点是可在进出线套管上装设电流互感器和利用出线套管的电容制成电容式分压器，从而在使用时无需另设专用的电流和电压互感器。

(2) 瓷瓶支持型。其结构特点是安置触头和灭弧室的金属筒或绝缘筒处于高电位，它用支持瓷瓶对地绝缘(图 6-5)。它的主要优点是可用串联若干个开断元件和加高对地绝缘的方式组成更高电压等级的断路器，如图 6-6 所示。这种结构形式称为积木式组合方式。

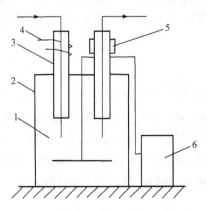

图 6-4 金属接地箱型断路器结构示意图
1-断口；2-金属箱；3-绝缘套管；4-电流互感器；5-电容套管；6-操作机构

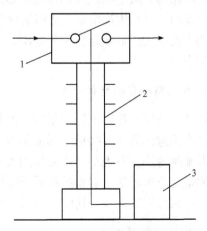

图 6-5 瓷瓶支持型断路器结构示意图
1-开断元件；2-支持瓷瓶；3-操作机构

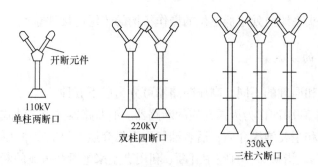

图 6-6　断路器的组合形式

按使用电压等级的不同，高压断路器可以分为以下三种。

(1) 中压断路器。工作电压为 35kV 及以下。

(2) 高压断路器。工作电压为 66～220kV。

(3) 超高压断路器。工作电压为 330～750kV。

(4) 特高压断路器。工作电压为 1000kV 及以上。

高压断路器还可按操作能源区分。随着能源形式的不同，操作机构有以下五种。

(1) 手动机构。用人力合闸的机构。

(2) 电磁机构。靠直流螺管式电磁铁合闸的机构。

(3) 弹簧机构。用事先由人力或电动机储能的弹簧来合闸的机构。

(4) 液压机构。用高压油推动活塞实现合闸与分闸的机构。

(5) 气动机构。用压缩空气推动活塞使断路器合闸与分闸的机构。

上述机构既可作为独立的产品与断路器配套使用，也可与断路器结合为一体。

6.2.2　少油断路器

油断路器是最早出现的高压断路器，也是我国电力系统中曾经使用最多的断路器。多油断路器由于具有用油量多、耗用钢材多、维修困难等缺点，使用范围越来越窄。需油少、且耗用钢材少的少油断路器使用范围大于多油断路器。下面介绍少油断路器的结构特点、分类等内容。

1. 少油断路器的结构特点

少油断路器是我国曾经用量最大的断路器。它的结构特点是触头、载流件和灭弧室都直接装在绝缘油筒或不接地金属油箱内，变压器油只用来作为灭弧介质和触头间隙绝缘，不供对地绝缘用。对地绝缘主要采用瓷瓶、环氧玻璃布板和棒等固体介质。因此，其变压器油用量及总重量都比多油断路器少得多。以 220kV、6000MVA 的 SW7-200 型少油断路器为例，三相总重量为 3t，其中，油重 0.8t，仅为 DW3-220 型多油断路器的 1/60。

2. 少油断路器的分类

按使用地点不同，少油断路器可分为户内式(SN 型)和户外式(SW 型)两种。前者主要供 6～35kV 户内配电装置使用；后者的电压等级较高(35kV 及以上)，作为输电断路器用。

户内式少油断路器的三相灭弧室分别装在三个由环氧玻璃布卷制的绝缘圆筒中。按其支承方式不同,又可分为悬臂式、中支式和落地式三种(图6-7)。悬臂式结构简单,10kV少油断路器多采用它;中支式可省去支持绝缘子,但支架结构复杂;落地式适用于额定电流大及额定开断电流大的少油断路器。

户外式少油断路器因电压等级高、重量大,都采用落地式结构(图6-8),110kV及以上的产品几乎全部采用串联灭弧室,积木式总体布置,每一灭弧室的相应额定电压为55～110kV。积木式的优点是零部件通用性强、生产及维修方便,灭弧室的研制工作量小,易于向更高电压等级发展。

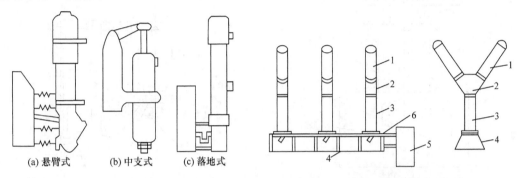

图6-7 户内式少油断路器   图6-8 户外室少油断路器(落地式结构)
(a)悬臂式 (b)中支式 (c)落地式

1-灭弧室;2-机构箱;3-支持瓷套;
4-底座;5-操作机构;6-水平拉杆

有关"少油断路器"的详细内容可扫描二维码6-1继续学习。

有关"油断路器的灭弧室"的详细内容可扫描二维码6-2继续学习。

二维码6-1

二维码6-2

6.2.3 真空断路器

真空断路器是以真空作为绝缘和灭弧手段的断路器,近年来得到了迅速的发展。下文介绍真空断路器的结构、特点等内容。

1. 真空断路器的结构

真空断路器有两种结构形式:落地式和悬挂式。它们的主要部件有真空灭弧室、绝缘支撑、传动机构、操作机构和基座等。

落地式真空断路器(图6-9)以绝缘支撑把真空灭弧室支持在上方,把操作机构设在下方的基座上,上下两部分通过传动机构相连接。其特点是:①操作人员观察、更换灭弧室均很方便;②传动效率高(分合闸操作时直上直下,传动环节少,摩擦小);③整体重心较低,稳定性好,操作时振动小;④纵深尺寸小,重量小,出入开关柜方便;⑤户内户外产品互换性好。但产品总体高度大,检修困难,尤其是带电检修时。

悬挂式真空断路器(图6-10)适用于手车式开关柜,其操作机构与高压电隔离,便于检修。

但其纵深尺寸大，耗用钢材多，重量大，绝缘子要受弯曲力作用；操作时振动大；传动效率不高。通常仅用于户内式中等电压产品。

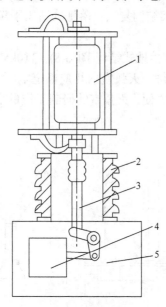 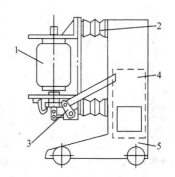

图 6-9　落地式真空断路器示意图
1-真空灭弧室；2-绝缘支撑；
3-传动机构；4-操作机构；5-基座

图 6-10　悬挂式真空断路器示意图
1-真空灭弧室；2-绝缘支撑；3-传动机构；
4-操作机构；5-基座

2. 真空断路器的特点

(1) 熄弧能力强，燃弧及全分断时间均短。

(2) 触头电侵蚀小，电寿命长，触头不受外界有害气体的侵蚀。

(3) 触头开距小，操作力小，机械寿命长。

(4) 适宜于频繁操作和快速切断，特别是切断电容性负载电路。

(5) 体积和重量均小，结构简单，维修工作量小，而且真空灭弧室和触头无需检修。

(6) 环境污染小，开断是在密闭容器内进行，电弧生成物不致污染环境，无易燃易爆介质，无爆炸及火灾危险，也无严重噪声。

有关"真空灭弧室"、"真空断路器的触头"和"真空断路器的操作过电压"的内容可分别扫描二维码 6-3、二维码 6-4 和二维码 6-5 继续学习。

二维码 6-3　　　　　二维码 6-4　　　　　二维码 6-5

6.2.4　六氟化硫断路器

气吹断路器是以高压气体吹动并冷却电弧使其熄灭的断路器，实际使用的气体有空气和六氟化硫(SF_6)气体，所以，SF_6 断路器是气吹断路器的一种。近年来，空气断路器已逐渐被 SF_6 断路器取代。

有关"SF_6气体的特性"的内容可扫描二维码 6-6 继续学习。

下面介绍 SF_6 断路器的特点及分类。

二维码 6-6

1. SF_6 断路器的特点

(1) 灭弧室断口耐压强度高。

由于断口耐压强度高,因此,对同一电压等级,SF_6 断路器的断口数目较少,可以简化结构,缩小安装面积,有利于生产和运行的管理。

(2) 开断容量大,性能好。

目前,这种断路器的电压等级已达 500kV 以上,额定开断电流可达 100kA。它不仅可以切断空载长线而不重燃,切断空载变压器而不截流,同时还能较容易地切断近区故障。

(3) 电寿命长。

由于触头烧损轻微,因此,电寿命长。一般连续(累计)开断电流 4000~8000kA 可以不检修。相当于约 10 年无需检修。

SF_6 断路器无噪声公害、无火灾危险。可发展形成 SF_6 密封式组合电器,从而缩小变电所占地面积,这对城市电网变电所建设尤为有利。

SF_6 断路器要求加工精度高,密封性好,对水分和气体的检测要求严格(年漏气量不得超过 3%),给生产带来一定困难。

2. SF_6 断路器的分类

SF_6 断路器按结构形式可分为瓷瓶支柱式与落地罐式两种。前者在结构上与少油断路器类同,只是以 SF_6 气体取代变压器油作为介质,它属积木式结构,系列性、通用性强。其灭弧室可布置成"T"型或"Y"型。图 6-11 为 LW-220 型 SF_6 断路器一相的外形图。断路器每相有两个断口,其额定电压为 220kV、额定电流为 3150A、额定开断容量为 15000kVA、3s 热稳定电流为 40kA、动稳定电流为 100kA(峰值)、SF_6 气体额定压力(20℃)为 556kPa。

落地罐式断路器的结构形式类同子多油断路器,但气体被密封在一路内。它的整体性强、机械稳固性好、防震能力强,还可以组装互感器等其他元件,但系列性差。

有关"SF_6 断路器的灭弧室"和"SF_6 断路器气体系统的维护"的内容可分别扫描二维码 6-7 和二维码 6-8 继续学习。

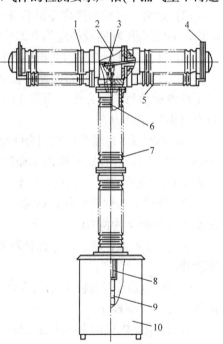

图 6-11 LW-220 型 SF_6 断路器(一相)

1-灭弧室瓷套;2-传动机构室;3-传动拐臂、连杆(剪刀式机构);4-接线板;5-电容器;6-绝缘拉杆;7-绝缘支柱;8-活塞;9-工作缸;10-机构箱(代底座)

二维码 6-7

二维码 6-8

6.2.5　断路器的操作机构

它主要用来使断路器准确地合闸和分闸，其性能和质量的优劣对断路器的工作性能和可靠性极为重要。通常，操作机构工作环境恶劣，又非连续操作，机构复杂，种类繁多，发生故障的概率较高。因此，应尽力使设计合理，选择好的材料，提高加工精度和质量，以保证整机的质量、性能和可靠性。

1. 对操作机构的要求

对各种断路器所用操作机构有下列要求。

(1) 合闸。在各种规定的使用条件下均能可靠地闭合线路。

(2) 合闸保持。能使断路器的触头可靠地保持在合闸位置，不因外界振动、短路电流产生的电动斥力和其他原因产生误分动作。

(3) 分闸。接到分闸命令后应能迅速分闸，就快速断路器而论，其开释时间应不大于0.08s，而超高压断路器的应为 0.02～0.06s。

(4) 复位。分闸操作后，机构的各部件应恢复到准备合闸的位置。

(5) 自由脱扣。这是指断路器在合闸过程中，如果操作机构又接到分闸命令，那么，它就不应继续执行合闸命令，而应立即分闸。为了避免发生严重事故，手动式操作机构必须具有自由脱扣机构。

(6) 防跳跃。指断路器在闭合线路的过程中遇到故障，则在继电保护装置作用下会立即分闸，但合闸命令此时可能尚未撤除，以致又马上合闸，出现跳跃现象。因此，要求操作机构应有防跳跃措施，防止多次合、分故障线路。

(7) 联锁。为保证操作机构动作可靠，要求它有一定的联锁装置。常用的联锁装置(以断路器操作机构为例)有以下三种。

① 分合闸位置联锁。它保证断路器处于合(分)闸位置时，操作机构就不能进行合(分)闸操作。

② 低气(液)压与高气(液)压联锁。当气(液)体压力低于或高于额定值时，操作机构均不能进行分、合闸操作。

③ 弹簧操作机构中的位置联锁。当弹簧储能未达到规定要求时，操作机构不能进行分、合闸操作。

2. 操作机构的分类与特点

(1) 手动机构。以人力合闸，借已储能的弹簧分闸。它适用于电压为 10kV、断开电流为6kA 以下的断路器或负荷开关。

(2) 直流电磁机构。以直流螺管式电磁铁合闸，借已储能的弹簧分闸。其合闸时间长，可进行遥控操作与自动重合闸。它适用于电压为 110kV 及以下电压等级的断路器。

(3) 弹簧机构。以合闸弹簧(借电动机或人力储能)合闸,而借已储能的分闸弹簧分闸。这种方式动作快,能实现快速自动重合闸。它适用于 220kV 及以下电压等级的断路器、35kV 以下的断路器多配用它。

(4) 液压机构。以高压油推动活塞实现分、合闸,其动作迅速,能快速自动重合闸。它适用于 110kV 及以上电压等级的断路器。

(5) 气动机构。以压缩空气为能源推动活塞实现分、合闸,或仅完成一种功能,而用储能弹簧完成另一种功能。它动作快,能快速重合闸。气吹断路器几乎全部采用气动机构。

手动机构虽有结构简单、成本低、无需附属设备等优点,但其操作性能与操作人员的操作技巧、体力乃至情绪等有关。因此,它一般不用于操作断路器,仅用于操作负荷开关、隔离开关等需要操作功很小的场合。

3. 操作机构的运行问题

(1) 电磁操作机构运行故障分析。

电磁操作机构运行中的故障有拒合、合不上闸、拒分、分不了闸等,现就其发生原因分析如下。

① 拒合。造成拒合的原因可能有:合闸线圈烧断;合闸铁心卡死;合闸回路中的常闭触头接触不良或损坏以及合闸回路中接线不良、断线或接触器损坏等。

② 合不上闸。其原因可能有:控制电源电压太低;机构中的定位止钉位置太高;掣子与传动机构间的间隙过小以及辅助开关切换过早等。

③ 拒分。造成拒分的原因可能有:分闸线圈烧断或霉断;脱扣器铁心卡死;辅助开关接触不良及控制回路线路不通等。

④ 分不了闸。其原因可能有:前述止钉位置太低;脱扣器松动或其铁心被连杆剩磁吸牢;辅助开关接触不良以及出现跳跃现象等。

(2) 弹簧机构影响重合闸的原因。

影响重合闸不成功的原因有:①分闸器过“死点”的尺寸太小;②复位弹簧力太小,来不及复位;③无电流时间整定值太小,机构来不及复位;④辅助开关切换太早,断路器尚未合闸到位就分闸;⑤机构与断路器间的支撑杆未撑好,致使机构变形,影响重合闸以及机构传动部分不够灵活等。

(3) 液压操作机构运行故障。

液压机构运行中的常见故障有以下八种。

① 液压泵频繁起动。其原因:一是高压油系统漏油,二是液压泵本身有缺陷,油压不能上升。

② 液压泵在分、合闸操作后于 7~10min 内无法将压力恢复到正常值。其原因在于:液压泵各阀门密封垫损坏,逆止阀口不严,使空气漏入液压泵;滤油器堵塞;液压泵低压侧存在空气;一、二级阀口不严,通过阀门排油孔渗漏油,使油压降低;液压泵电动机过载或热继电器脱扣。

③ 储压筒油压过高。原因在于微动开关失灵以及储压筒密封不良或同心度差。

④ 储压筒油压过低。原因在于安全阀橡皮垫圈损坏漏油、一级阀排油孔漏油和氮气外漏等。

⑤ 预充压力过高或过低。过高的原因除气温变化的影响外，主要是高压油渗入氮气；过低的原因除气温变化的影响外，主要是密封圈不良，有气体渗入油中或气筒焊缝不严。

⑥ 断路器合闸后失去油压。其原因可能是一级阀小球托被油流吹倒，以致钢球不能封死阀口，油自一级阀排油孔漏出。

⑦ 拒合。其原因有：二次回路不良或辅助开关未切换，使该回路不通；合闸线圈断线或匝间短路；微动开关接触不良或失灵，以致油压降低后仍不能起动液压泵；合闸阀自保持孔堵塞或逆止阀处漏油；一级阀至逆止阀的通道堵塞或逆止阀处漏油：合闸管道、工作缸合闸侧漏油严重等。

⑧ 拒分。其原因在于：分闸线圈断路或匝间短路；分闸电磁铁阀杆长度调整不当；分闸油路堵塞；微动开关接触不良，油压降低后不能起动液压泵，致使油压降至分闸闭锁继电器动作值等。

6.3 其他高压电器

其他高压电器泛指高压断路器之外的各种高压电器，例如，隔离开关、接地开关和负荷开关等开关电器、熔断器、避雷器等保护电器、电抗器等限流电器。这些高压电器因其在电力系统中有着不同的作用，其结构和对它们的要求也各不相同。本节将简要介绍这些高压电器的工作原理、结构和它们的使用方法。

6.3.1 隔离开关

隔离开关是电力系统中用量最多的一种高压开关电器，其需用量通常达高压断路器的 $3 \sim 4$ 倍。当它处于合闸状态时，既能可靠地通过正常工作电流，也能安全地通过短路故障电流。当它处于分闸状态时，有明显的断口，使处于其后的高压母线、断路器等电力设备与电源或带电高压母线隔离，以保障检修工作的安全。由于不设灭弧装置，隔离开关一般不允许带负荷操作，即不允许接通和分断负荷电流。

与其他高压电器一样，隔离开关在结构上通常含触头系统、绝缘和结构件、操作和传动机构等部分。其结构形式和布置方式，对工程投资和变电所的设备布置均有很大的影响。

隔离开关的用途主要有以下四个。

(1) 隔离电源。它于分闸后借断口建立可靠的绝缘间隙，使待检修的线路和设备脱离电源，以确保安全。隔离开关还常附有接地装置，后者于隔离开关分闸时将自动接地。

(2) 换接线路。当断口的两端有并联支路时，隔离开关因断口两端接近等电位，允许带负荷操作，视运行需要变换母线或其他不长的并联线路的接线方式。

(3) 分、合空载电路。例如，接通和分断小容量变压器($U \leqslant 10\text{kV}$ 时，$S \leqslant 320\text{kVA}$；$U \leqslant 35\text{kV}$ 时，$S \leqslant 1000\text{kVA}$)的空载电流，电压互感器的空载电流，电压在 35kV 及以下、长度在 5km

以内的空载架空线路，电压在 10kV 及以下、长度在 5km 以内的空载电缆线路，断路器均压电容的电流以及母线和直接接于其上的设备的电容电流等。

(4) 自动快速隔离。当隔离开关具有较高的开断速度时，它可与接地开关配合，在某些终端变电所作为断路器使用。

随着安装地点的不同，隔离开关有户内式(GN 型)与户外式(GW 型)之分，后者在覆盖着一定厚度(10～20mm)的冰层时仍能正常分闸与合闸。按照运行特点，隔离开关有一般型、快速型(分闸时间不大于 0.5s)和变压器中性点接地用三种形式。

当隔离开关与断路器配合使用时，它们之间应有电气或机械的联锁，以保证隔离开关合闸在断路器之前，分闸在其之后。因为隔离开关无灭弧装置，一般不允许带电流操作。虽然如此，隔离开关仍必须具有足够的动、热稳定性能，且在分闸状态有明显的水平或垂直的断口。为保障检修时的人身安全，有些工作电压为 35kV 及以上的隔离开关还设有接地闸刀。它们之间也应有电气或机械的联锁，使主闸刀未分断前，接地闸刀合不上闸，而接地闸刀未分闸前，主闸刀也合不上闸。

1. 户内式隔离开关

户内式隔离开关的原理结构如图 6-12(a)所示(分闸状态)。它的转轴通过连杆机构与操作机构连接。如果电流较大，为保证短路电流下的动稳定性，有时也采用磁锁装置(图 6-12(b))，即在闸刀的一端加上导磁铁片，以增大刀片与静触头间的与接触压力同方向的电动力。

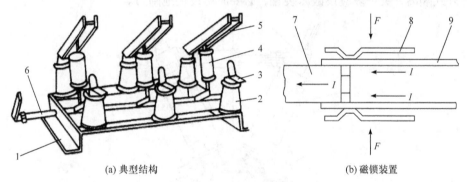

(a) 典型结构　　　　　　　　　　　　　(b) 磁锁装置

图 6-12　户内式隔离开关

1-底座；2-支柱瓷瓶；3-静触头；4-升降瓷瓶；5-闸刀；6-转轴；7-静触头；8-铁片；9-并行闸刀

户内式隔离开关有一般配电用和大容量发电机母线用两类。前者的工作电压为 6～35kV，工作电流为 1kA 及以下，且三相装于同一底架上，闸刀采取垂直回转运动方式以缩小相间距离。后者的工作电压为 10kV 及 20kV、工作电流为 3～13kA 或更大些，同时其闸刀采取水平直线运动方式，以适应大容量发电机母线采用分相封闭式结构、需将隔离开关和母线共装于封闭筒形外壳内的要求。

2. 户外式隔离开关

户外式隔离开关额定电压较高，我国已生产额定电压为 10～500kV、额定电流为 0.2～2kA 的产品。从结构形式来看，户外式隔离开关有单柱式、双柱式和三柱式三种(图 6-13)。

单柱式直接利用母线下的垂直空间作为电气绝缘，占地面积小，并且有很清晰的分、合闸状态。双柱式的闸刀分为对称的两半，长度较小，且操作时是做水平等速运动，使冰层受剪力作用，所以，易于破冰，但分闸时闸刀的移动会使相间距离缩小。三柱式有二断口，因此，用瓷瓶多。

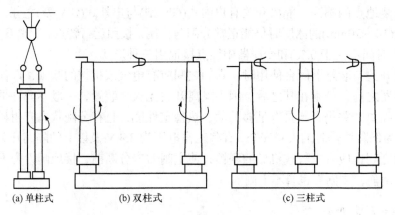

(a) 单柱式　　　　　　(b) 双柱式　　　　　　　　(c) 三柱式

图 6-13　户外式隔离开关

双柱式隔离开关还有采用 V 形结构的(图 6-14)。它具有安装面积小的特点，且容易满足任意角度倾斜安装的要求。

户外式隔离开关一般应设破冰装置，必要时增设接地闸刀。

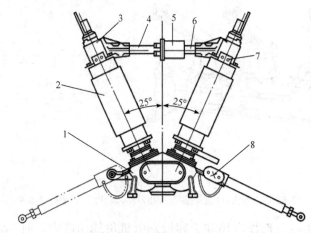

图 6-14　双柱式隔离开关

1-基座；2-绝缘子；3-触头座；4-主闸刀；5-防护罩；6-主闸刀；7-接地静触座；8-接地闸刀

3. 隔离开关的选择和使用

选择隔离开关时，首先，应根据运行要求选择其形式(户内式或户外式等)。然后，选择额定电压和额定电流。最后，校核其动、热稳定性是否符合要求。此外，应注意它与断路器、接地开关以及其主闸刀和接地闸刀之间的联锁关系。

安装时应按产品使用说明书规定的方式进行。例如，户外式产品，应使其绝缘伞裙不致积水和降低雨淋时的绝缘水平。此外，安装时还应注意使任何部件受力都不超过其允许范围，不致使操作力增大，同时，也不妨碍机械联锁。

使用时，底架上应设直径不小于 12mm 的接地螺栓，并以截面积不小于 $50mm^2$ 的软质铜线妥善接地。凡有摩擦处均应涂润滑脂，用于高寒地区的更应涂防冻润滑脂。投入运行前还应按技术要求检查其同步性和接触状况等。

操作合闸时，应先确定断路器是处于分闸状态，再迅速操作隔离开关使之合闸。但操作近结束时，用力切忌过猛，以免发生冲击。操作完毕后，还应检查电接触是否良好。分闸时，应先确定断路器是否处于分闸状态，再缓缓地操作，待主闸刀脱离静触头后再迅速操作。操作完毕后，还应检查隔离开关是否处于断开位置，并检查其机构与否锁牢。送电时，应先合母线侧的隔离开关，再合线路侧的隔离开关；断电时，操作顺序则与此相反。

6.3.2 接地开关

接地开关是装设在降压变压器的高压侧供人为制造接地短路的一种高压开关电器。

当进线上无分支的终端变电所的变压器 T 内部发生故障时，如果故障电流没有大到足以使送电端的断路器 QF 动作，那么，可通过继电保护装置使接地开关 QE 自动合闸，形成人为接地短路以促使断路器 QF 动作，切断故障电路(图 6-15(a))。

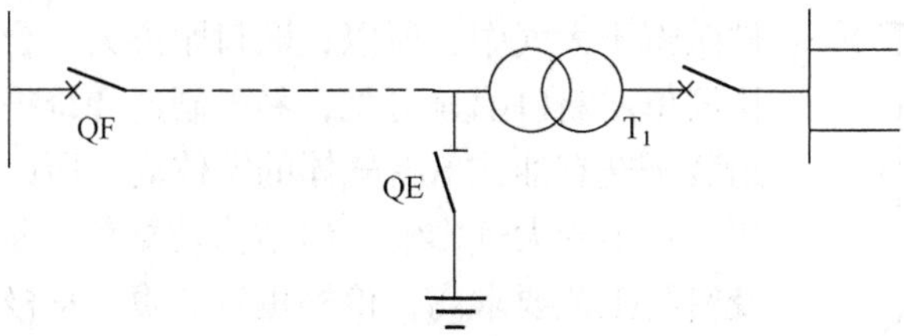

(a) 单独使用

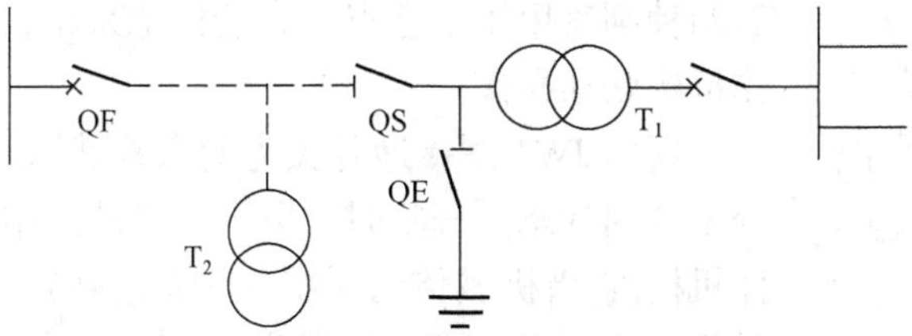

(b) 与快速分断隔离开关联合使用

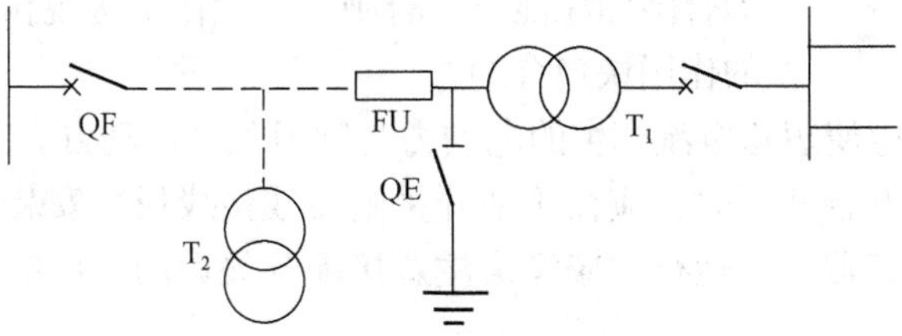

(c) 与熔断器联合使用

图 6-15 接地开关使用方式

接地开关也可与快速分断隔离开关或熔断器联合使用(图 6-15(b)、(c))。当终端变电所的进线上有支线时，如果变压器 T_1 内部发生故障、且故障电流不足以使断路器 QF 动作，接地开关 QE 同样将自动合闸，使断路器 QF 动作。随后，快速分断隔离开关 QS 立即分闸，令故障电路与电源隔离，保障检修工作安全。然后，断路器 QF 重合闸，使变压器 T_2 恢复供电。如果用熔断器 FU 取代快速分断隔离开关，当变压器 T_1 所在支路出现的电流不足以使断路器 QF 动作时，接地开关 QE 也将自动合闸，使熔断器因通过太大的接地短路电流而熔断，切断故障电路，使其与电源隔离，而断路器 QF 不动作，以保障无故障电路(如变压器 T_2 所在支路)的连续供电。对此处所用熔断器的熔化特性无需苛求，只要其熔断先于断路器的动作即可。

综上所述，接地开关是供短路电流较小的支路及终端变电所变压器内部故障保护用的。它与快速分断隔离开关共同使用时，必须保证各电器严格按照前述动作顺序依次动作；而与熔断器共同使用时，又必须保证熔断器的熔断时间小于断路器的分闸动作时间。

接地开关的结构与隔离开关相似，因无需分断负荷及短路电流，故不设灭弧装置。但它要接通一定的短路电流，所以，应具有足够的短路关合能力和动、热稳定性能。接地开关下端还经常通过电流互感器与接地点连接，并借该互感器提供继电保护所需信号。

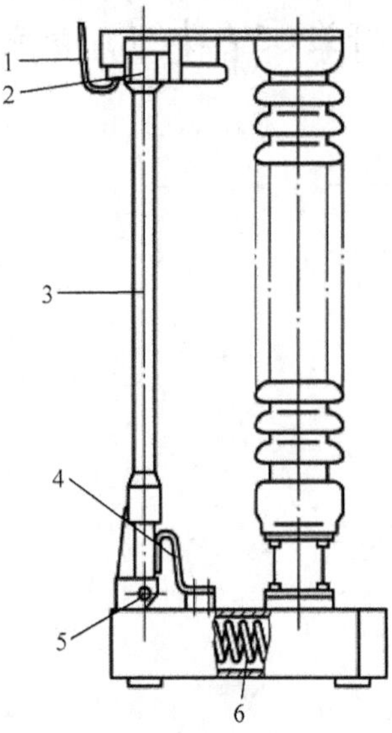

图 6-16　JW1 型接地开关
1-屏蔽杯；2-静触头；3-闸刀；
4-软连接；5-转轴；6-合闸弹簧

在结构上接地开关可分为敞开式与封闭式。前者的导电部件敞露于大气中，所以，断口距离大、合闸时间长，然而，结构简单、断口明显可见，易于制造和维护；后者的导电部件被封装于充有油或 SF_6 气体的箱体内，所以，断口距离小、合闸快、且不受大气影响，但结构较复杂、断口不可见、对内绝缘及密封工艺要求高，价格也较昂贵。从极数来看，接地开关有单极、二极和三极三种。前者仅适用于中性点直接接地的系统，后两种则适用于中性点不直接接地系统，且各极应通过一个操作机构联动操作。

现以 JW1 型接地开关为例来看其原理结构(图 6-16)，开关处于合闸状态。分闸时，以手力推动配用的 CS-1XG 型手力操作机构(它借机械传动系统与转轴连接)，使闸刀脱离静触头，最终，到达点链线表示的分闸位置。同时，合闸弹簧被压缩，为合闸储积能量。合闸时，操作机构脱扣，闸刀受到合闸弹簧的作用快速合闸。

安装接地开关时应使短路电流产生的电动力与闸刀关合运动方向一致，以防闸刀弹出。与快速分断隔离开关联合使用时，应在接地开关闸刀或接线板与安装底座之间串接供继电保护用的低压电流互感器。在运行中应经常注意接地开关运动部件的灵活性，定期添加润滑剂。

6.3.3　高压负荷开关

高压负荷开关是一种介于隔离开关与断路器之间的、结构较简单的高压电器。隔离开关、负荷开关和断路器都能进行多次通断操作，但负荷开关不同于隔离开关的是它具有灭弧装置，故也具有一定的灭弧能力，所以，能在额定电压和额定电流(或规定的过载电流)下关合和开断高压电路、空载变压器、空载线路和电容器组等；负荷开关不同于断路器的是虽然不能开断短路电流，却具有一定的关合短路电流的能力，所以，在与熔断器联合使用时，也具有短路保护功能。此外，大多数负荷开关还具有明显的断口。综上所述，在容量不是很大、同时对保护性能的要求也不是很高时，负荷开关与熔断器组合起来就可取代断路器，从而降低设备投资和运行费用。

按灭弧装置的形式区分，负荷开关有以下五种。

(1) 固体产气式。它是借电弧自身的能量使固体产气材料分解，产生高压气体吹灭电弧。这种负荷开关的结构非常简单。

(2) 压气式。它是借活塞在开断过程中的运动来压缩空气，使之形成高压气体吹灭电弧。它的结构也比较简单。

(3) 油浸式。它也是借电弧自身的能量来使油分解并汽化，从而冷却和熄灭电弧。其结构虽较简单，但无可见的断口。

以上三种负荷开关宜用于额定电压为 35kV 及以下的高压线路。

(4) 六氟化硫式。它以 SF_6 气体作为灭弧介质，所以，能开断较大的电流，而且在开断电容电流时优于其他形式的产品。但其结构较复杂，并且需备有 SF_6 补气设备。它一般用于额定电压为 35kV 及以上的高压线路。

(5) 真空式。由于它是在真空中灭弧，因此，寿命长，但价格较昂贵。它通常用于额定电压为 220kV 及以下的高压线路。

图 6-17 所示为压气式负荷开关的原理结构(合闸状态)。分闸时，操作机构脱扣，主轴在分闸弹簧作用下朝顺时针方向转动。一方面，通过连杆机构使主闸刀先脱离主静触头，并推动灭弧闸刀使弧触头断开；另一方面，借曲柄滑块机构使活塞向上移动，压缩气体。当弧触头断开时，产生于其间的电弧将为气缸内产生的压缩气体自喷口喷出时吹灭。合闸时，操作机构通过连杆机构使主轴朝逆时针方向转动，使弧触头和主触头依顺序先后闭合，并同时使分闸弹簧储能，为下次分闸做准备。

压气式负荷开关只有户内型产品。

图 6-18 所示为油浸式负荷开关的原理结构(分闸状态)。它通常为三相共箱式。合闸时，操作机构使主轴朝逆时针方向转动，并经摇杆滑块机构使提升杆带着动触头向上运动，与静触头接触。在此过程中，分闸弹簧和触头弹簧均受压储能，为分闸做准备。分闸时，操作机构脱扣，使动触头连同运动部件在弹簧和本身重力的作用下迅速向下运动，脱离静触头。出现于触头间隙内的电弧则被油冷却和熄灭。

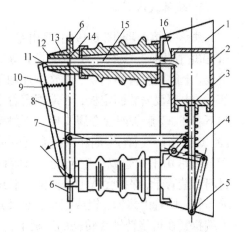

图 6-17 压气式负荷开关

1-框架；2-支柱瓷瓶；3-绝缘拉杆；4-出线板；
5-分闸缓冲器；6-转轴；7-弧静触头；8-主静触头；
9-分闸弹簧；10-喷口；11-气缸；12-活塞；
13-出线板；14-弧闸刀；15-主闸刀；16-弹簧

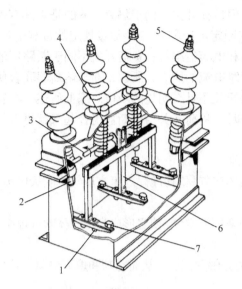

图 6-18　油浸式负荷开关
1-触头弹簧；2-静触头；3-主轴；4-分闸弹簧；
5-接线端子；6-提升杆；7-动触头

负荷开关通常不允许在短路状态下操作，而只能关合和切断规定的负荷电流。与熔断器共同使用时，应通过继电保护装置使负荷开关在故障电流小于其最大允许开断电流时率先分闸，执行开断任务，而不让熔断器熔断。反之，负荷开关应在熔断器熔断后才分闸。运行期间应定期检查运动部件的润滑情况和紧固件有无松动现象。此外，还应将开关的外壳或底架可靠地接地。

6.3.4　高压熔断器

高压熔断器具有结构简单、使用方便、分断能力大、价格较低廉等优点，被广泛用于额定电压为 35kV 及以下的小容量高压电网中，是高压电网中人为设置的最薄弱元件。当其所在电路发生短路或长期过载时，它便因过热而熔断，并通过灭弧介质将熔断时产生的电弧熄灭，最终开断电路，以保护电力线路及其中的电气设备。高压熔断器一般分为跌落式和限流式两类，前者用于户外场所，后者用于户内配电装置。

1．跌落式熔断器

跌落式熔断器(图 6-19)主要由绝缘支柱(瓷瓶)和熔管组成。支柱上端固定着上触头座和上引线。上触头座含鸭嘴罩、弹簧钢片和压板等零部件。中部设安装固定板，下端固定着下触头座和下引线，下触头座含金属支座和下触头等零部件。熔管由产气管(内层)和保护套管(外层)构成，产气管常用钢纸管或虫胶桑皮纸管等固体产气材料制造管子，保护套管则是酚醛纸管或环氧玻璃布管。熔管内装钢、银或银铜合金质熔丝，其上端拉紧在可绕转轴 2 转动的压板上，其下端固定于下触头上。熔管固定于鸭嘴罩与金属支座之间，其轴线与铅垂线成 30°。熔丝熔断后，压板将在弹簧作用下朝顺时针方向转动，使上触头自鸭嘴罩中的抵舌处滑脱，而熔管便在自身重力作用下绕转轴 9 跌落。熔丝熔断后产生的电弧灼热产气管，使之产生大量气体。后者快速外喷，对电弧施以纵吹，使之冷却，并在电弧自然过零时

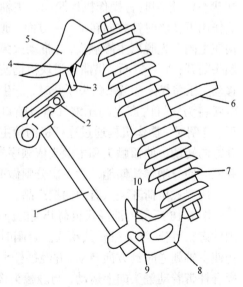

图 6-19　跌落式熔断器
1-熔管部件；2-转轴；3-压板；4-弹簧钢片；5-鸭嘴罩；
6-安装固定板；7-绝缘支柱；8-金属支座；9-转轴；
10-下触头

熄灭。因此，跌落式熔断器灭弧时无截流现象，过电压不高，并在跌落后形成一个明显可见的断口。

跌落式熔断器熔管上端被薄磷铜片封闭，正常工作时它能防止管内受潮。开断大的故障电流时，熔管内产气多、压力大，能吹动磷铜片，形成两端排气，以防熔管爆炸并缩短燃弧时间，使其为10ms左右。开断小的故障电流时，管内气体压力不足以吹动磷铜片，所以，只能单向排气，燃弧时间较长。由于灭弧速度不大，因此，跌落式熔断器不具备限流作用。

在熔断过程中，跌落式熔断器的熔管会喷出大量炽热的游离气体，有较强的声光效应，所以，它常用于周围空间无导电尘埃和无易燃、易爆及腐蚀性气体，同时又无剧烈振动的户外场所。通常跌落式熔断器仅用于线路和变压器的短路和过载保护，但当变压器容量为200kVA及以下时，其高压侧也允许用熔断器分合负荷电流。如果超过此容量，为防止因分合闸时电弧较大而导致高压侧相间短路，仍应先切断负荷，再操作熔断器，以保证安全并防止发生事故。此时，熔断器起着隔离开关的作用。在一定条件下还能直接以高压绝缘钩棒(俗称令克棒)操作跌落式熔断器的分合闸，来开断或关合小容量空载变压器、空载线路和小负荷电流。

选用跌落式熔断器时应注意被保护设备的性质和保护要求，并顾及熔断器本身的适用范围。在基本参数方面，熔断器额定电压应不低于保护对象的额定电压，熔丝额定电流应小于或等于熔断器额定电流，并大于或等于负荷的额定电流。在开断容量方面应兼顾到其上限值和下限值，否则，当短路故障容量低于下限值时，开断中将无法灭弧，以致熔管烧坏或爆炸，酿成事故。

安装跌落式熔断器时应检查熔丝是否已拉紧，以免触头过热，而且要保证熔管与铅垂线有30°的倾角，使熔丝熔断时熔管能靠自重而跌落。另外，除相间应保持足够的安全距离外，还应注意不要装设在变压器及其他设备上方，以免熔管掉落引起事故。

跌落式熔断器通常不得带负荷操作，分闸时，应先拉断中相，然后拉下风相，最后拉上风相。合闸时，则按相反的顺序操作。在操作中用力不宜过猛，以免损坏熔断器，同时操作人员应戴绝缘手套及防护目镜，保障人身安全。

2. 限流式熔断器

限流式熔断器是适用于高压电路的充石英砂填料的密闭管式熔断器。开断电路时，既无游离气体喷出，也无声光效应，所以，适用于户内配电装置。

限流式熔断器(图6-20)的熔管安装在两个装有触头座的瓷质绝缘子上，再固定在底板上。熔管内装熔丝，它绕在瓷质心棒上，以缩短整体长度。在熔丝与瓷管间充填着石英砂，以它作为灭弧介质。熔丝有线状的和带状的。为避免因熔丝全长同时熔断汽化以致出现过高的过电压，还有采用线径不等的熔丝串联的。熔丝上也焊以锡珠，利用其"冶金效应"来减小熔断系数，加强熔断器的过载保护功能。

由于石英砂能强烈地冷却电弧和使电弧气体消电离，因此，限流式熔断器的灭弧能力非常强。可在很短时间内熄灭电弧，也即在短路电流远未达其预期值时截断电流。这种限流作用能降低对被保护线路和设备的动、热稳定性要求，所以，在经济上很有价值。但应注意截流现象会引起较高的过电压。

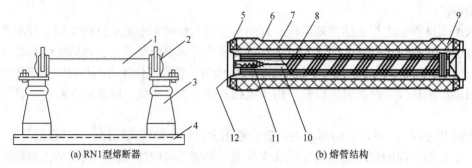

(a) RN1型熔断器　　　　　　　　　(b) 熔管结构

图 6-20　限流式熔断器

1-熔管；2-触头座；3-绝缘子；4-底板；5-密封圈；6-六角瓷套；7-瓷管；8-熔丝；9-导电片；10-石英砂；11-指示器；12-盖板

3. 万能式熔断器

这是克服了跌落式熔断器开断能力小及限流式熔断器过载保护能力差等缺陷的全范围保护熔断器(图 6-21)。

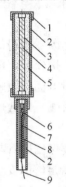

图 6-21　万能式熔断器

1-端帽；2-环氧玻璃布管；
3-熔体 A；4-支架；5-石英砂；
6-熔体 B；7-拉力弹簧；
8-灭弧管；9-尾线

万能式熔断器采用串联复合式结构：上部基本上仍为限流式熔断器，它主要完成大电流的开断；下部是结构稍特殊的熔断器，它主要完成小电流开断。下部熔断器的下端开口，在其环氧玻璃布管内还有一内径甚小的、以固体产气材料制成的灭弧管，熔体 B 置于其中。熔体下方连接着尾线和拉力弹簧。过载时，仅下部的熔体 B 熔断。光使熔体升温并被弹簧拉长变细，使电阻更大、发热更严重，出现加速熔断的循环过程；产生电弧后，一方面，被机械拉长，另一方面，又处在高压气体中，所以，能很快地熄灭。显然，熔体 A 和 B 应分别用高熔点及低熔点金属制造。电弧熄灭后，灭弧管将连同尾线一起弹出，明显地指示出开断状态。与跌落式熔断器一样，下部熔断器中的熔体是可以更换的。

有关"避雷器"、"高压限流电抗器"、"高压互感器"和"高压组合电器和成套电器"的内容可分别扫描二维码 6-9、二维码 6-10、二维码 6-11 和二维码 6-12 继续学习。

二维码 6-9

二维码 6-10

二维码 6-11

二维码 6-12

第 7 章 电器控制线路

7.1 概 述

继电器接触器控制系统是应用最早的控制系统，是由按钮、接触器、继电器等组成的控制系统。它具有结构简单、容易掌握、维修方便、价格低廉等优点，多年来在各种生产机械的电器控制领域中一直获得广泛的应用。虽然生产机械的种类繁多，所要求的控制线路也是多种多样的，但是它们都遵循一定的原则和规律。只要我们通过典型控制线路的分析和研究，掌握其规律，还是能够阅读控制线路和设计控制线路的。

1. 电器控制线路的定义、组成和表示方法

电器控制线路是用导线将电机、电器、仪表等电气元件连接起来并实现某种要求的电器线路。电器控制线路应本着简单易懂、分析方便的原则用规定的方法和符号进行绘制。

电器控制线路根据通过电流的大小可分为主电路和控制电路。由电动机、发电机及其相连的电器元件组成的通过大电流的电路称为主电路。接触器、继电器线圈及联锁电路、保护电路、信号电路等通过小电流的电路称为控制电路。

电器控制线路的表示方法有两种：安装图和原理图。安装图是按照电器实际位置和实际接线线路用规定的图形符号绘制的，这种电路便于安装和检修调试。原理图是根据电路工作原理用规定的图形符号绘制的，这种电路能清楚地表明电路的功能，分析系统的工作原理。

2. 绘制原理图应遵循的原则

(1) 控制系统内的全部电动机、电器和其他器械的带电部件，都应在原理图中表示出来。

(2) 原理图的绘制应布局合理、排列均匀、看图方便，可以水平布置，也可以垂直布置。

(3) 所用图形符号及文字符号应符合 IEC 标准的规定。

(4) 为了突出或区分某些电路、功能等，可采用不同粗细的图线来表示，例如，主电路可用粗线，控制电路可用细线。

(5) 电路或元件应按功能布置，并尽可能按工作顺序排列，对因果次序清楚的原理图，其布局顺序应该是从左到右，从上到下。

(6) 元件、器件和设备的可动部分，通常应表示在非激励或不工作的状态和位置。

(7) 同一电器元件的不同部分，例如，线圈和触点，采用同一文字符号标明。

(8) 功能相关项目应靠近绘制。

3. 电器控制线路的符号

(1) 图形符号。

在绘制电路图时,其图形符号应符合 IEC 标准的规定,见附录 1。

(2) 文字符号。

根据 IEC 标准的规定,文字符号分为基本文字符号(单字母或双字母)(附录 2)、辅助文字符号(附录 3)和附加数字符号。

单字母符号按拉丁字母将各种电气设备装置和元器件划分为 23 大类,每一大类用一个专用字母符号表示,例如,"K"表示继电器、接触器,"S"表示控制电路开关器件。

双字母符号由一个表示种类的单字母符号与另一个字母组成,该字母应按有关电器名词术语国家标准或专业标准中规定的英文术语缩写而成。单字母在前,另一字母在后,例如,"KT"表示时间继电器,其中,K 表示继电器,T 表示时间。

辅助文字符号是用来表示电气设备装置和元器件及线路的功能状态和特征的。

附加数字符号是用来区分具有相同的基本文字符号和辅助文字符号的不同电器的,例如,接触器 KM_1、KM_2 等。

7.2　基本控制逻辑

基本控制逻辑是电器控制线路的基本单元,主要包括:与逻辑、或逻辑、非逻辑、禁逻辑、锁定逻辑、记忆逻辑、延时逻辑。由这些逻辑可以组成各种各样的电器控制线路。

在以下逻辑关系式中,对于自变量(触点)$X_1, X_2, \cdots, X_n$,定义其相应的线圈断电时 $X = 0$,通电时 $X = 1$;对于自变量(按钮)S,定义其松开时 $S = 0$,按下时 $S = 1$;对于函数(线圈)Y,定义线圈断电时 $Y = 0$,通电时 $Y = 1$。

在图 7-1～图 7-9 中,左侧为触点组合,右侧为线圈。

1. 与逻辑

与逻辑(图 7-1)是各触点串联的控制电路。在与逻辑中,只有全部触点是闭合状态,线圈才是通电状态,只要一个触点是断开状态,线圈就是断电状态。与逻辑的逻辑表达式为

$$Y = X_1 X_2 \cdots X_n = \prod_{i=1}^{n} X_i \tag{7-1}$$

等号左侧为线圈,右侧为触点组合。

2. 或逻辑

或逻辑(图 7-2)是各触点并联的控制电路。在或逻辑中,只要一个触点是闭合状态,线圈就是通电状态,只有全部触点是断开状态,线圈才是断电状态。或逻辑的逻辑表达式为

$$Y = X_1 + X_2 + \cdots + X_n = \sum_{i=1}^{n} X_i \tag{7-2}$$

3. 非逻辑

非逻辑(图 7-3)是触点在电器不工作时是闭合状态的控制电路。在电器不工作时，线圈是通电状态；在电器工作时，线圈是断电状态。非逻辑的逻辑表达式为

$$Y = \overline{X} \tag{7-3}$$

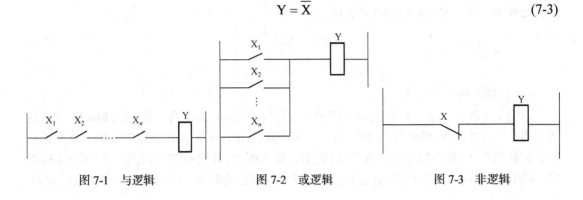

图 7-1　与逻辑　　　　　　　　　图 7-2　或逻辑　　　　　　　　　图 7-3　非逻辑

4. 禁逻辑

禁逻辑是一个触点的状态控制其他触点的操作能否实现的控制电路。如图 7-4 所示，触点 X 对触点 Z 起到禁的作用。当触点 X 处于闭合状态时，触点 Z 的状态能够决定线圈 Y 的状态；当触点 X 处于打开状态时，无论触点 Z 处于何种状态，线圈 Y 的状态都不受影响，始终保持断电状态。禁逻辑的逻辑表达式为

$$Y = \overline{X}Z \tag{7-4}$$

5. 锁定逻辑

锁定逻辑是基本控制逻辑中很重要的一类逻辑，它主要包括 3 种逻辑：自锁逻辑、互锁逻辑、联锁逻辑。

(1) 自锁逻辑。

如图 7-5 所示，按下按钮 S，线圈 Y 通电，触点 Y 闭合。松开按钮 S 后，由于其并联的触点 Y 仍是闭合状态，线圈 Y 仍能继续通电。这种现象称为自锁。自锁逻辑的逻辑表达式为

$$Y = S + Y \tag{7-5}$$

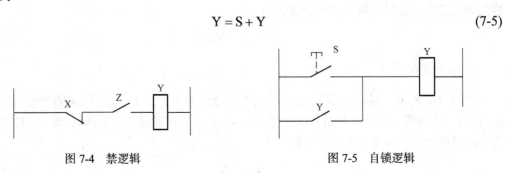

图 7-4　禁逻辑　　　　　　　　　　　　　图 7-5　自锁逻辑

（2）互锁逻辑。

如图 7-6 所示，触点 X_1 闭合后，线圈 Y_1 通电，则触点 Y_1 打开，使线圈 Y_2 断电。同理，触点 X_2 闭合后，线圈 Y_2 通电，则触点 Y_2 打开，使线圈 Y_1 断电。通过上述分析可知，当一个线圈先通电时，另一个线圈就不能再通电了，即线圈 Y_1 和线圈 Y_2 不能同时通电。这种现象称为互锁。互锁逻辑的逻辑表达式为

$$Y_1 = X_1 \overline{Y_2} \tag{7-6}$$

$$Y_2 = X_2 \overline{Y_1} \tag{7-7}$$

（3）联锁逻辑。

如图 7-7 所示，触点 X_1 闭合后，线圈 Y_1 通电，使触点 Y_1 闭合，从而使线圈 Y_2 通电成为可能，这时线圈 Y_2 的状态由触点 X_2 的状态决定。由于线圈 Y_2 所在电路中串入常开触点 Y_1，使得线圈 Y_1 通电后才允许线圈 Y_2 通电，即线圈 Y_1 和线圈 Y_2 的通电要按照一定的次序，线圈 Y_2 通电要以线圈 Y_1 通电为前提，这种现象称为联锁。联锁逻辑的逻辑表达式为

$$Y_1 = X_1 \tag{7-8}$$

$$Y_2 = X_2 Y_1 \tag{7-9}$$

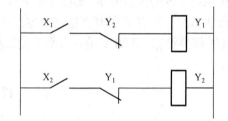　　　　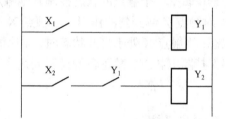

图 7-6　互锁逻辑　　　　　　　　　　　　　图 7-7　联锁逻辑

6. 记忆逻辑

如图 7-8 所示，按下按钮 S_1，线圈 Y 通电，与按钮 S_1 并联的触点 Y 闭合，使得按钮 S_1 松开时线圈 Y 仍保持通电状态。按下按钮 S_2，线圈 Y 断电，触点 Y 打开，使得按钮 S_2 松开时线圈 Y 仍保持断电状态。总之，该逻辑能记住按钮 S_1 或按钮 S_2 动作时的状态，所以，称为记忆逻辑。记忆逻辑的逻辑表达式为

$$Y = (S_1 + Y)\overline{S_2} \tag{7-10}$$

7. 延时逻辑

如图 7-9 所示，触点 X 闭合后，时间继电器线圈 KT 通电。经过 Δt 的延时后，触点 KT 闭合，使线圈 Y 通电。从触点 X 闭合到线圈 Y 通电需经过 Δt 的时间，所以，称这个逻辑为延时逻辑。延时逻辑的逻辑表达式为

$$KT = X \tag{7-11}$$

$$Y = KT \Uparrow \tag{7-12}$$

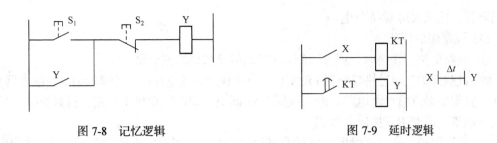

图 7-8　记忆逻辑　　　　　　　　　　　图 7-9　延时逻辑

7.3　电动机的基本控制线路

7.3.1　启停控制线路

鼠笼型电动机启停控制线路是应用广泛的、最基本的控制线路。其主电路如图 7-10 所示，由隔离开关 QS、熔断器 FU、接触器 KM、热继电器 FR 和鼠笼型电动机 M 组成。

控制电路由启动按钮 SB$_2$、停止按钮 SB$_1$、接触器 KM、热继电器 FR 的触点及接触器 KM 的线圈组成，如图 7-11 所示。该控制电路能实现对电动机启动、停止的自动控制，远距离控制，频繁操作，并具有必要的保护作用，例如，短路、过载、零压等，其逻辑表达式为

$$KM = (SB_2 + KM)\overline{SB_1 FR} \tag{7-13}$$

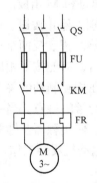

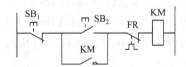

图 7-10　启停控制的主电路　　　　　　　图 7-11　启停控制的控制电路

如图 7-11 的控制电路所示，控制装置根据生产工艺过程对控制对象所提出的基本要求实现其控制作用，可分为以下三个方面。

(1) 启动电动机。

合上刀闸开关 QS，按启动按钮 SB$_2$，接触器 KM 的线圈通电，其主触头 KM 吸合，电动机启动。由于接触器的辅助触点 KM 并联于启动按钮，因此，当松手断开启动按钮后，线圈 KM 通过其辅助触点 KM 可以继续保持通电，维持其吸合状态。这个辅助触点称为自锁触点。

(2) 停止电动机。

按停止按钮 SB$_1$，接触器 KM 的线圈断电，其主触头断开，电动机断电停转，同时，其辅助触点 KM 也断开。当松手合上停止按钮后，由于启动按钮 SB$_2$ 和接触器 KM 的触点

都已断开,线圈 KM 保持断电。

(3) 线路保护环节。

① 短路保护。短路时,通过熔断器 FU 的熔断来切断主电路。

② 过载保护。通过热继电器 FR 实现。当负载过载或电动机单相运行时,热继电器 FR 动作,其常闭触点将控制电路切断,线圈 KM 断电,切断电动机主电路。过载消除后要想启动电动机,需要重新按启动按钮。

③ 零压保护。通过接触器 KM 的自锁触点来实现。当电网电压消失而又重新恢复时,要求电动机及其拖动的运动机构不能自行启动,以确保操作人员和设备的安全。由于自锁触点 KM 的存在,当电网停电后,不重新按启动按钮,电动机就不能启动。

通过上述电路的分析可以看出,电器控制的基本方法是通过按钮发布命令信号,而由接触器通过对输入能量的控制来实现对控制对象的控制,继电器则用以测量和反映控制过程中各个量的变化,例如,热继电器反映被控制对象的温度变化,并在适当时候发出控制信号,使接触器实现对主电路的各种必要的控制。

7.3.2　正反转控制线路

各种生产机械常常要求具有上、下、左、右、前、后等相反方向的运动,这就要求电动机能够正、反向工作。对于三相交流电动机,可借助正、反向接触器改变定子绕组相序来实现。图 7-12 为正反转控制的主电路,它由隔离开关 QS、熔断器 FU、两组并联但相序相反的接触器 KM_1、KM_2 的触头、热继电器 FR 和鼠笼型电动机 M 组成。

图 7-13 为正反转控制的控制电路。SB_1、SB_2、SB_3 分别为停止按钮、正转启动按钮、反转启动按钮,KM_1、KM_2 分别为正转接触器和反转接触器。正、反两个接触器线圈电路中互相串联一个对方的常闭触点,则任一接触器线圈通电后,即使按下相反方向按钮,另一接触器也无法得电,这种锁定关系称为互锁,即二者存在相互制约的关系,不可能同时得电。由于正、反转启动按钮所在线路互相串联一个对方的常闭触点,当一个启动按钮被按下时,另一个启动按钮所在线路的接触器线圈就被断电,使接触器互锁关系被解除,这样就可以实现不按停止按钮,直接按反转启动按钮就能使电动机反转工作。

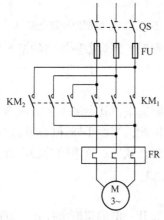

图 7-12　正反转控制的主电路

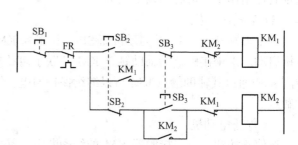

图 7-13　正反转控制的控制电路

由上可知，若要求甲接触器工作时，乙接触器就不能工作，则在乙接触器的线圈电路中，需串联甲接触器的常闭触点。若要求甲接触器工作时、乙接触器不能工作，且乙接触器工作时、甲接触器不能工作，则在两接触器线圈电路中互相串联对方的常闭触点。

正反转控制电路的逻辑表达式为

$$KM_1 = \overline{SB_1}\,\overline{FR}(SB_2 + KM_1)\overline{SB_3}\,\overline{KM_2} \tag{7-14}$$

$$KM_2 = \overline{SB_1}\,\overline{FR}(SB_3 + KM_2)\overline{SB_2}\,\overline{KM_1} \tag{7-15}$$

也可以写成

$$\overline{SB_1}\,\overline{FR}[(SB_2 + KM_1)\overline{SB_3}\,\overline{KM_2}KM_1^* + (SB_3 + KM_2)\overline{SB_2}\,\overline{KM_1}KM_2^*] \tag{7-16}$$

式中，带"*"号的文字符号表示线圈。这种表示法便于控制电路图与逻辑表达式之间的转换，因为二者的次序是相同的。

上述方法是通过导线的连接使各电器的触点和线圈形成一定的逻辑关系，比较直观，但更改线路时比较麻烦。下面以正、反转控制电路为例，介绍一下旁路控制。

旁路控制又叫插销板控制，旁路是指对一点短路。在旁路控制中，要想改变控制线路，只需调整装有隔离二极管插销的位置，不需要重新接导线。旁路控制电路图中的电阻为限流电阻，并且引入两种简化符号，分别如图 7-14(a)和图 7-14(b)所示。

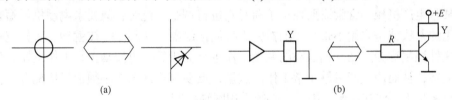

(a)　　　　　　　　　　　　　　　　　(b)

图 7-14　旁路控制中的简化符号

下面按照旁路控制规则设计正、反转控制电路的旁路控制电路图。

(1) 打开全部括号。

$$KM_1 = \underbrace{\overline{SB_1}\,\overline{FR}SB_2\overline{SB_3}\,\overline{KM_2}}_{\text{第1项}} + \underbrace{\overline{SB_1}\,\overline{FR}KM_1\overline{SB_3}\,\overline{KM_2}}_{\text{第2项}} \tag{7-17}$$

$$KM_2 = \underbrace{\overline{SB_1}\,\overline{FR}SB_3\overline{SB_2}\,\overline{KM_1}}_{\text{第3项}} + \underbrace{\overline{SB_1}\,\overline{FR}KM_2\overline{SB_2}\,\overline{KM_1}}_{\text{第4项}} \tag{7-18}$$

(2) 列数 = 右侧项数。从上一步可知，逻辑式右侧共有 4 项，所以列数为 4。

(3) 行数 = 触点品类数 + 线圈数。每个触点包括常开和常闭两个品类，正反转控制电路的全部逻辑表达式中共有 10 个触点品类，分别是 SB_2、$\overline{SB_2}$、SB_3、$\overline{SB_3}$、$\overline{SB_1}$、$\overline{FR}$、KM_1、$\overline{KM_1}$、KM_2、$\overline{KM_2}$，共有 2 个线圈，是 KM_1 和 KM_2，所以，行数为 12。

(4) 常开变常闭，常闭变常开。这与直接控制相反，是由旁路控制电路的特点决定的。

由以上规则绘制的旁路控制电路如图 7-15 所示，其左侧是触点品类，中间是由隔离二极管构成的逻辑关系，右侧为线圈，每一项占一列，每一触点品类或线圈占一行。

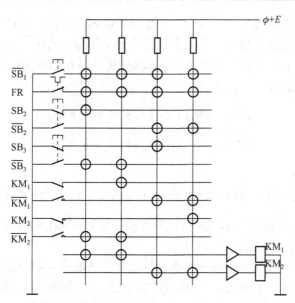

图 7-15　正反转控制电路的旁路控制电路

7.3.3　正常启停及点动控制线路

　　在某些生产机械中常常需要在加工前对它进行调整，此时，只要求电动机做短暂的转动。常用的办法就是采用不带自锁的按钮去控制接触器，达到"一按就动、一松就停"的要求。这种控制称为点动。当点动的调整工作进行完毕后，再按动正常工作按钮，使电动机正常运转，从而使生产机械正常工作。这里，点动与正常工作必须很好地配合，使两者既联系起来又不混淆在一起，因此，必须采用联锁控制。

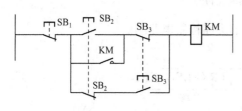

图 7-16　存在竞争的启停及点动控制电路

　　实现这种联锁控制的方式是十分简单的，只要将点动按钮的常闭触点并联在正常启停线路上即可。为防止误操作，在点动线路串联启动按钮的常闭触点，形成按钮的互锁。正常启停及点动控制的主电路与启停控制的主电路相同，其控制电路如图 7-16 所示。图中 SB_1 为停止按钮，SB_2 为正常启动按钮，SB_3 为点动按钮，KM 为接触器。

　　但是这种线路结构在实际运行中并不十分可靠。因为在点动时，如果接触器 KM 的释放时间较长，超过了点动按钮的恢复时间，即接触器 KM 的自锁常开触点还没有断开，点动按钮常闭触点就已恢复闭合了，将使自锁回路形成通路，使接触器自锁，从而造成正常工作。这样，当点动结束时，点动按钮的常闭触点复位时间与接触器自锁触点的释放时间形成竞争，使点动与正常启停之间的隔离不可靠。

　　要想消除竞争，可增加一个中间继电器 KA。这时只对中间继电器 KA 进行自锁，然后由中间继电器 KA 的触点接通接触器 KM 的线圈。当点动时，由点动按钮直接接通接触器 KM 的线圈，对正常启停电路不产生影响，没有竞争的正常启停及点动控制电路如图 7-17

所示。

正常启停及点动控制电路的逻辑表达
式为

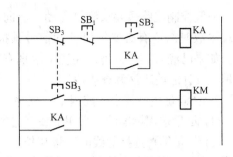

$$KA = \overline{SB_1}\, \overline{SB_3}(SB_2 + KA) \qquad (7\text{-}19)$$

$$KM = SB_3 + KA \qquad (7\text{-}20)$$

这个例子告诉我们，当运动较多、联锁
关系比较复杂，往往出现联锁触点不够用
时，或者运动虽然不多，但却缺乏相应电器

图 7-17　正常启停及点动控制电路

的触点来作为联锁信号时，就可采用中间继电器来解决这种矛盾。

这个例子又说明，接触器 KM 的动作，或者取决于点动按钮 SB$_3$ 的闭合，或者取决于
正常工作信号——中间继电器常开触点 KA 的闭合，两个条件具其一即可。这是一种"或"
的逻辑关系。凡用多个常开触头并联控制某一对象时，都能起到或逻辑的作用。

7.4　电器控制线路的设计方法

7.4.1　经验设计法

1. 概述

经验设计法是根据生产工艺要求、利用各种典型的线路环节，直接设计控制线路。这
种设计方法比较简单，但要求设计人员必须熟悉大量的控制线路、掌握多种典型线路的设
计资料，并具有丰富的设计经验。在设计过程中往往还要经过多次反复地修改、试验，才
能使线路符合设计的要求。即使这样，设计出来的线路也可能不是最简的，所用的电器及
触点不一定最少，所得出的方案不一定是最佳方案。

由于经验设计法是靠经验进行设计的，因此，灵活性很大。初步设计出来的线路可能
是几个，这时要加以比较分析，甚至要通过实验加以验证，才能确定比较合理的设计方案。
这种设计方法没有固定模式，通常先用一些典型线路环节拼凑起来实现某些基本要求，而
后根据生产工艺要求逐步完善其功能，并加以适当的联锁及保护环节。

2. 经验设计法的原则

用经验设计法设计控制线路时，应注意以下四个原则。

1) 应最大限度地实现生产机械和工艺对电器控制线路的要求

设计之前，首先要调查清楚生产要求，因为控制线路是为了整个设备和工艺过程服务
的，不搞清楚要求就等于迷失了方向。生产工艺要求一般是由机械设计人员提供的，但有
时所提供的仅是一般性原则，这时电器控制设计人员就需要对同类或接近产品进行调查、
分析、整合，然后提出具体、详细的要求，征求机械设计人员意见后，作为设计电器控制
线路的依据。

　　一般控制线路只要求满足启动、反向和制动就可以了，有些则要求按规律改变转速、出现事故时需要有必要的保护和信号预报以及各部分运动要求有一定的配合和联锁关系等。如果已经有类似设备，还应了解现有控制线路的特点以及操作者对它们的反映。这些都是在设计之前应该调查清楚的。

　　2) 在满足生产要求的前提下，控制线路应力求简单、经济

　　(1) 尽量选用标准的、常用的或经过实际考验过的线路和环节。

　　(2) 尽量缩短连接导线的数量和长度。设计控制线路时，应考虑到各个元件之间的实际接线。特别要注意电器控制柜、操作台和限位开关之间的连接线，如图 7-18 所示。图 7-18(a) 所示的接线是不合理的。因为按钮在操作台上，而接触器在电器控制柜内，这样接线就需要由电器控制柜二次引出连接线到操作台的按钮上，所以，一般都将启动按钮和停止按钮直接连接，这样就可以减少一次引出线，如图 7-18(b) 所示。

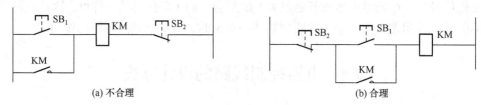

图 7-18　电器连线图

　　(3) 尽量缩减电器的数量，采用标准件，并尽可能选用相同型号。

　　(4) 应减少不必要的触点，以简化线路。

　　(5) 在工作时，控制线路除必要的电器必须通电外，其余的尽量不要通电，以节约电能。

　　3) 保证控制线路工作的可靠和安全

　　为了保证控制线路工作可靠，最主要的是选用可靠的元件，例如，尽量选用寿命长、结构坚实、动作可靠、抗干扰性好的电器。同时，在具体线路设计中注意以下几点。

　　(1) 正确连接电器的触点。同一电器的常开和常闭辅助触点靠得很近，如果分别接在电源的不同相上，如图 7-19(a) 所示，限位开关 SQ 的常开触点和常闭触点，由于不是等电位，当触点断开产生电弧时，很可能在两触点间形成飞弧而造成电源短路。此外绝缘不好，也会引起电源短路。如果按图 7-19(b) 接线，由于两触点电位相同，就不会造成飞弧，即使引入线绝缘损坏也不会将电源短路。

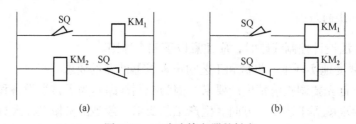

图 7-19　正确连接电器的触点

　　(2) 正确连接电器的线圈。在交流控制电路中不能串入两个电器的线圈，即使外加电压是两个线圈额定电压之和，也是不允许的。因为两个电器动作总是有先有后，不可能同时

吸合。假如一个接触器先吸合，由于其磁路闭合，线圈的电感显著增加。每个线圈上所分配到的电压与线圈阻抗成正比，因此，在该线圈上的电压降也相应增大，从而使另一个接触器的线圈电压达不到动作电压。故两个电器需要同时动作时其线圈应该并联。

(3) 在控制线路中应避免出现寄生电路。在控制线路的动作过程中意外接通的电路叫寄生电路。如图 7-20 所示为一个具有指示灯和热保护的正反向电路。在正常工作时，能完成正反向启动、停止和信号指示。但当热继电器 FR 动作时，线路就出现了寄生电路，如图 7-20 中虚线所示，使接触器 KM_1 不能释放，起不了保护作用。

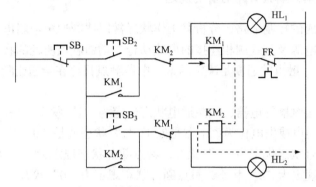

图 7-20　寄生电路

(4) 在线路中应尽量避免许多电器依次动作才能接通另一个电器的控制线路。

(5) 在频繁操作的可逆线路中，正、反向接触器间不仅要有电气联锁，还要有机械联锁。

(6) 设计的线路应能适应所在电网情况。根据电网容量的大小，电压、频率的波动范围以及允许的冲击电流值等决定电动机的启动方式是直接启动还是间接启动。

(7) 在线路中采用小容量继电器的触点来控制大容量接触器的线圈时，要计算继电器触点断开和接通容量是否足够。如果不够必须加小容量接触器或中间继电器，否则工作不可靠。

(8) 具有完善的保护环节，以避免因误操作而发生事故。完善的保护环节包括过载、短路、过流、过压、失压等保护环节，有时还应有合闸、断开、事故、安全等必须的指示信号。

4) 力求操作、维护、检修方便

控制机构应操作简单和便利，能迅速和方便地由一种控制形式转换到另一种控制形式，例如，由自动控制转换到手动控制。同时希望能实现多点控制和自动转换程序，减少人工操作。为检修方便，应设隔离电器，避免带电操作。

一般不太复杂的继电器接触器控制线路都可按此方法进行设计。但对设计完的线路还必须进行反复的审核，审核线路能否满足工艺要求、有没有多余环节或多余电器、有没有寄生电路、会不会产生误动作、保护环节是否完善、能否产生设备事故和人身事故、处理故障时是否安全方便。必要时，要进行环节实验和模拟实验。

有关"经验设计法实例分析"的内容可扫描二维码 7-1 继续学习。　　　　　　二维码 7-1

7.4.2　逻辑设计法

1. 概述

逻辑设计法是根据生产工艺的要求，利用逻辑代数来分析、设计线路的。用这种方法设计的线路比较合理，特别适合完成较复杂的生产工艺所要求的控制线路，但是相对而言逻辑设计法难度较大，不易掌握。

2. 电器控制线路逻辑设计中的有关规定

继电接触器组成的控制电路，分析其工作状况常以线圈通电或断电来判定。构成线圈通断的条件是供电电源及与线圈相连接的那些动合、动断触点所处的状态。如果认为供电电源 E 不变，那么，触点的通断是决定因素。电器触点只存在接通或断开两种状态，分别用"1"、"0"表示。

对于继电器、接触器等电器，线圈通电状态规定为"1"状态，失电则规定为"0"状态。有时也以线圈通电或失电作为该电器是处于"1"状态或是"0"状态。

电器的触点闭合状态规定为"1"状态，触点断开状态规定为"0"状态。控制按钮、开关触点闭合状态规定为"1"状态，触点断开状态规定为"0"状态。

进行以上规定后，某一个电器的触点与线圈在原理图上采用同一文字符号命名。为了清楚地反映某一个电器状态，电器线圈、动合触点的状态用同一文字符号来表示，而动断触点的状态用同一文字符号取反来表示，如果电器为"1"状态，那么，表示线圈"通电"，继电器吸合，其动合触点"接通"，动断触点"断开"。"通电""接通"都是"1"状态，而断开则为"0'状态。如果电器为"0"状态，那么，与上述相反。

以"0""1"表征两个对立的物理状态，反映了自然界存在的一种客观规律——逻辑代数。它与数学中数值的四则运算相似，逻辑代数(也称开关代数、布尔代数)中存在着逻辑与(逻辑乘)、逻辑或(逻辑加)、逻辑非的三种基本运算，并由此而演变出一些运算规律。运用逻辑代数可以将继电器接触器系统设计得更为合理，设计出的线路能充分地发挥电器作用，使所应用的电器数量最少，但这种设计一般难度较大。在设计复杂的控制线路时，逻辑设计有明显的优点。

3. 逻辑运算法则

用逻辑函数来表达控制电器的状态，实质是以触点的状态(以同一文字符号表示)作为逻辑变量，通过逻辑与、逻辑或、逻辑非的基本运算，得出的运算结果就表明了继电接触器控制线路的结构。逻辑函数的线路实现是十分方便的。

1) 逻辑与——触点串联

图 7-21 所示的串联电路就实现了逻辑与运算，逻辑与运算用符号"·"表示(也可省略)。

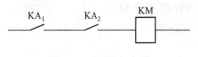

图 7-21　逻辑与电路

接触器的状态就是其线圈 KM 的状态，当线路接通，线圈 KM 通电，那么，KM = 1；如果线路断开，线圈 KM 失电，那么，KM = 0。图 7-21 所示的电路就可用逻辑关系式表示为

$$KM = KA_1KA_2$$

如果将输入逻辑变量 KA_1、KA_2 与输出逻辑变量 KM 列成表格形式，那么，称此表为真值表。表 7-1 即为逻辑与的真值表。

由真值表可总结逻辑与的运算规律：虽然 "0" "1" 不是数值的量度，但其运算法则在形式上与普通数学的乘法运算相同，即见 0 为 0，全 1 为 1。

表 7-1 逻辑与真值表

KA_1	KA_2	$KM=KA_1KA_2$
0	0	0
1	0	0
0	1	0
1	1	1

2) 逻辑或——触点并联

图 7-22 所示的并联电路就实现了逻辑或运算，逻辑或运算用符号 "+" 表示。要表示接触器的状态就要确定线圈 KM 的状态。按照图 7-22 所示的接线，可列出逻辑或的逻辑关系式表示为

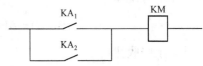

图 7-22 逻辑或电路

$$KM = KA_1 + KA_2$$

也可按图 7-22 所示接线列出逻辑或状态的真值表见表 7-2。按其真值表显示逻辑或的运算规律为：见 1 出 1，全 0 为 0。

表 7-2 逻辑或真值表

KA_1	KA_2	$KM=KA_1+KA_2$
0	0	0
1	0	1
0	1	1
1	1	1

3) 逻辑非——触点状态转换

如图 7-23 所示，输入逻辑变量 KA 的常闭触点 $\overline{KA}$ 与接触器线圈 KM 状态的控制是逻辑非关系。其逻辑关系表达式为

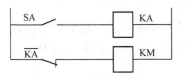

图 7-23 逻辑非电路

$$KM = \overline{KA}$$

SA 合上，常闭触点 $\overline{KA}$ 状态为 "0"，那么，KM = 0，线圈不通电，KM 为 "0" 状态；SA 打开，KA = 1，那么，KM = 1，线圈通电，接触器吸合，KM 为 "1" 状态。其真

值见表 7-3。

有时也称 KA 对 KM 是"非控制"。

表 7-3　逻辑非真值表

KA	KM＝$\overline{\text{KA}}$
1	0
0	1

以上与、或、非逻辑运算其逻辑变量不超过两个，但对多个逻辑变量也同样适用。

4) 逻辑代数定理

(1) 交换律

$$A \cdot B = B \cdot A , \qquad A + B = B + A$$

(2) 结合律

$$A \cdot (B \cdot C) = (A \cdot B) \cdot C , \qquad A + (B + C) = (A + B) + C$$

(3) 分配律

$$A \cdot (B + C) = AB + AC , \qquad A + BC = (A + B)(A + C)$$

(4) 吸收律

$$A + A \cdot B = A , \qquad A \cdot (A + B) = A$$

$$A + \overline{A} \cdot B = A + B , \qquad \overline{A} + A \cdot B = \overline{A} + B$$

(5) 重叠律

$$A \cdot A = A , \qquad A + A = A$$

(6) 非非律

$$\overline{\overline{A}} = A$$

(7) 反演律(摩根定律)

$$\overline{A + B} = \overline{A} \cdot \overline{B} , \qquad \overline{A \cdot B} = \overline{A} + \overline{B}$$

以上基本定律都可用真值表或继电器电路证明。

4. 逻辑函数的化简

逻辑函数化简可以使继电接触器电路简化，因此，有重要的实际意义。这里介绍公式法化简，关键在于熟练掌握基本定律，综合运用提出因子、并项、扩项、消去多余因子、多余项等方法，并进行化简。

化简时经常用到常量与变量关系

$$A + 0 = A , \qquad A \cdot 1 = A$$

$$A+1=1, \qquad A \cdot 0=0$$
$$A+\overline{A}=1, \qquad A \cdot \overline{A}=0$$

对逻辑代数式的化简，就是对继电接触器线路的化简，但是在实际组成线路时，有些具体因素必须考虑。

(1) 触点容量的限制特别要检查承担关断任务的触点容量。

(2) 在有多余触点并且多用些触点能使线路的逻辑功能更加明确的情况下，不必强求化简来节省触点。

5. 继电器开关的逻辑函数

前面已经阐明，继电器线路是开关线路，符合逻辑规律。它以执行电器作为逻辑函数的输出变量，而以检测信号、中间单元及输出逻辑变量的反馈触点作为逻辑变量，可按一定规律列出其逻辑函数表达式。下面通过两个简单线路说明列逻辑函数表达式的规律。图 7-24(a)、(b)为两个简单的启-保-停电路。

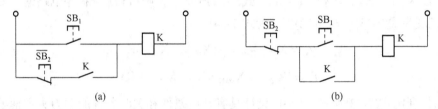

图 7-24　启-保-停电路

组成电路的触点按原约定，动断触点以逻辑非表示。线路中 SB_1 为启动信号(开启)，SB_2 为停止信号(关断)，K 的动合触点状态 K 为保持信号。

对图 7-24(a)可列出逻辑函数：$f_K = SB_1 + \overline{SB_2}K$，其一般形式为

$$f_K = X_{开} + X_{关}K \tag{7-21}$$

式中，$X_{开}$ 为开启信号；$X_{关}$ 为关断信号；K 为自保信号；f_K 为继电器 K 的逻辑函数。

对图 7-24(b)可列出逻辑函数：$f_K = \overline{SB_2}(SB_1+K)$，其一般形式为

$$f_K = X_{关}(X_{开} + K) \tag{7-22}$$

式(7-21)、式(7-22)所示的逻辑函数都有相同的特点，就是它们有三个逻辑变量 $X_{开}$、$X_{关}$ 和 K。式中，$X_{开}$ 为继电器 K 的开启信号，应选取在继电器开启边界线上发生状态转变的逻辑变量。如果这个逻辑变量是由"0"转换到"1"，那么，取其原变量形式；如果是由"1"转换到"0"，那么，取其反变量形式。$X_{关}$ 为继电器 K 的关断信号，应选取在继电器关闭边界线上发生状态转变的逻辑变量。如果这个逻辑变量是由"1"转换到"0"，那么，取其原变量形式；如果是由"0"转换到"1"，那么，取其反变量形式。K 为继电器 K 本身的动合触点，属于继电器的内部反馈逻辑变量，起自保作用，以维持 K 得电后的吸合状态。

这两个电路都是启-保-停电路，其逻辑功能相仿，但从逻辑函数表达式来看，式(7-21)

中 $X_开 = 1$，则 $f_K = 1$；$X_关$ 在这种状态下不起控制作用，称此电路为开启从优形式。式(7-22)中 $X_关 = 0$，则 $f_K = 0$；$X_开$ 在这种状态下不起控制作用，称此电路为关断从优形式。

实际的启-保-停电路有许多联锁条件，例如，铣床的自动循环工作必须在主轴旋转条件下进行；而龙门刨返回行程油压不足也不能停车，必须到原位停车。因此，对开启信号及关断信号都增加了约束条件，这样可将式(7-21)、式(7-22)扩展，就能全面地表示输出逻辑函数。

对于开启信号来说，当开启的转换主令信号不止一个，还需具备其他条件才能开启，那么，开启信号用 $X_{开主}$ 表示，其他条件称开启约束信号，用 $X_{开约}$ 表示。显然，条件都具备才能开启，说明 $X_{开主}$ 与 $X_{开约}$ 是"与"的逻辑关系，用 $X_{开主} X_{开约}$ 代替式(7-21)、式(7-22)中 $X_开$。当关断信号不止一个且要求其他几个条件都具备才能关断时，则关断信号用 $X_{关主}$ 表示，其他条件称为关断的约束信号，以 $X_{关约}$ 表示。"0"状态是关断状态，显然 $X_{关主}$ 与 $X_{关约}$ 全为"0"时，则关断信号应为"0"；$X_{关主}$ 为"0"而 $X_{关约} = 1$ 时，则不具备关断条件，所以，二者是"或"的关系。以 $X_{关主} + X_{关约}$ 代替式(7-21)、式(7-22)中 $X_关$，则可得启-保-停电路的一般形式，式(7-21)扩展为式(7-23)，式(7-22)扩展为式(7-24)。

$$f_K = X_{开主} X_{开约} + (X_{关主} + X_{关约})K \tag{7-23}$$

$$f_K = (X_{关主} + X_{关约})(X_{开主} X_{开约} + K) \tag{7-24}$$

例如，利用式(7-23)和式(7-24)可设计具有开启条件和关断条件的动力头主轴电动机的启-保-停电路。例如，滑台停在原位时，压行程开关 SQ_1；运动到需要位置时，压行程开关 SQ_2。启动按钮为 SB_1，停止接钮为 SB_2。其中：

$$X_{开主} = SB_1, \qquad X_{开约} = SQ_1, \qquad X_{关主} = \overline{SB_2}, \qquad X_{关约} = \overline{SQ_2}$$

代入式(7-23)得

$$f_K = SB_1 SQ_1 + (\overline{SB_2} + \overline{SQ_2})K$$

代入按式(7-24)得

$$f_K = (\overline{SB_2} + \overline{SQ_2})(SB_1 SQ_1 + K)$$

上述二式对应的电路图如图 7-25(a)、(b)所示。

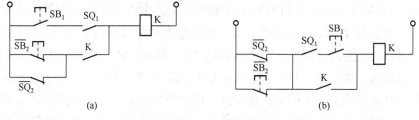

图 7-25　动力头控制电路

继电接触器控制线路采用逻辑设计方法，可以使线路简单，充分运用电器，得到较合理的线路。对复杂线路的设计，特别是自动生产线、组合机床等的控制线路的设计，采用逻辑设计法比经验设计法更为方便、合理。

逻辑设计法一般按以下步骤进行。

步骤 1：充分研究加工工艺过程，做出工作循环圈或工作示意图。

步骤 2：按工作循环图做执行电器节拍表及检测电器状态表——转换表。

步骤 3：根据转换表，确定中间记忆电器的开关边界线，设置中间记忆电器。

步骤 4：列写中间记忆电器逻辑函数式及执行电器逻辑函数式。

步骤 5：根据逻辑函数式建立电路结构图。

步骤 6：进一步完善电路，增加必要的联锁、保护等辅助环节，检查电路是否符合原控制要求，有无寄生回路，是否存在竞争现象等。

完成以上六步，就可得一张完整的继电接触器控制原理图。如果需实际制作，那么，还需要对原理图上所有电器选择具体型号。热继电器、过流继电器、时间继电器等需要按电力拖动的要求和具体的工艺循环去整定其动作值。将原理图编上线号，最后画出装配图，完成设计任务。逻辑设计法一般仅完成了前面六步内容。

有关"逻辑设计法实例分析"的内容可扫描二维码 7-2 继续学习。

7.4.3 电器工作流程图法

二维码 7-2

1. 概述

电器工作流程图法是按照电器工作次序来设计控制电路的一种方法。这种方法的设计思想比较简单，易于掌握，对设计人员的设计经验要求不高，具有一定的灵活性。在设计过程中需要根据设计要求进行多次修改，直至解决可能存在的全部问题为止。在理论上完成设计之后，还要通过实验来检验，以便发现在设计中被忽视的问题。对于与次序无关的电器可任意安排其次序，为了设计需要还可能增加辅助电器，所以，设计结果可能不唯一。

2. 电器工作流程图法的设计步骤

用电器工作流程图法设计控制电路时，可分为以下三个步骤。

1) 绘制电器工作流程图

电器工作流程图的绘制是按照电器工作次序从左到右进行的。首先，在左侧列出控制中需要的全部电器，例如，按钮、接触器、继电器等，每个电器占一行。然后，按照电器工作的时间顺序从左到右依次画出各电器的状态框，每个电器的状态框与左侧相同电器画在同一行上，并且框内写入相应电器的文字符号。状态框分为黑框、白框和按钮框，如图 7-26 所示。黑框表示该电器的线圈通电，也称为该电器动作；白框表示该电器的线圈断电，也称为该电器释放；按钮框表示该电器为点动按钮。对于控制电路中的电器，其状态框用实线连接，对于非控制电路中的设备，其状态框用虚线连接。电器工作流程图一般分为两个阶段，即启动阶段和停止阶段，这两个阶段之间为正常工作状态，在图中是断开的。

(a) 黑框　　(b) 白框　　(c) 按钮框

图 7-26　状态框

2) 写导通逻辑表达式

导通逻辑表达式是电器工作流程图法中最基本的公式，是从电器工作流程图过渡到控制电路图的桥梁。因为一个电器的线圈要保持通电状态，不但要求电器启动，而且要求电器没有释放，所以，导通逻辑表达式的一般形式为

$$导通条件 = 启动条件 \cdot \overline{释放条件} \tag{7-25}$$

将每个电器的实际的启动条件和释放条件代入导通逻辑表达式的一般形式，就得到该电器的逻辑表达式。需要写逻辑表达式的电器是有线圈的电器，例如，继电器、接触器。

最初得到的是基本逻辑，它们是必不可少的逻辑，可能出现以下问题。

(1) 启动条件不能覆盖电器工作的整个周期。在这种情况下，释放条件还未来临时，电器就释放了。为了避免这种情况，需要对启动条件加自锁，即在启动条件上并联电器的一个常开触点。启动条件为按钮时都要求加自锁。

(2) 电器条件不满足唯一性。如果一个电器条件对应着某一电器的两个状态，那么，此电器条件不唯一。如果电器条件不满足唯一性，采取如下处理办法：找出可区别同样逻辑条件的其他电器条件进行复合，使之成为唯一性；无可借用的逻辑条件时，则需增加电器来创造出唯一性复合逻辑。

(3) 存在矛盾逻辑。矛盾逻辑就是不能实现的逻辑，要想解决矛盾逻辑，可以在不影响控制要求的情况下预先使一路接通。有时调整不影响控制要求的电器工作次序或增加辅助电器时，矛盾逻辑自然消除。

主要逻辑设计完成后，还需要根据要求补充次要逻辑，例如，保护、互锁。

3) 绘制电器控制线路图

绘制电器控制线路图，即是将逻辑表达式等号左边的一个文字符号画成线圈，右边的一行文字符号画成按要求连接的触点。在画触点时，不带求反符号的画成常开触点，带求反符号的画成常闭触点。每个含线圈的线路都并联，左右两侧分别接到竖线上，这两条竖线为三相电路中的两相，所以，控制线路两端是 380V 的线电压。

如果释放条件中有延时触点，那么，其文字符号不能直接转换成图形符号，需要通过等效处理把延时符号移出求"非"符号后才能转换成图形符号。释放条件包括黑框和白框两种，它们的等效处理如图 7-27 所示。

图 7-27　含有延时触点的释放条件的等效处理

设计完成后还需进行简化，使连线和触点数尽量少，然后统计同一电器的触点数，不够时需扩展。最后通过模拟运行检查是否存在竞争问题，如果存在，那么，调整线路消除竞争。

3. 实例分析

1) 能耗制动

能耗制动的设计思想是制动时在定子绕组中任意两相通入直流电流，形成固定磁场，它与旋转着的转子中的感应电流相互作用，从而产生制动转矩。制动时间的控制由时间继电器来完成。

能耗制动的主电路如图 7-28 所示，由隔离开关 QS、熔断器 FU、主接触器 KM$_1$、能耗制动接触器 KM$_2$、热继电器 FR、电动机 M 组成。

现在用电器工作流程图法设计能耗制动的控制电路。

首先根据能耗制动的工作过程绘制电器工作流程图。能耗制动的工作过程如下:按启动按钮 SB$_1$，主接触器线圈 KM$_1$ 通电，接通主电路，电动机开始工作。需要电动机停转时，按下停止按钮 SB$_2$，使主接触器线圈断电，断开主电路，同时能耗制动接触器 KM$_2$ 和时间继电器 KT 动作。经过预定的

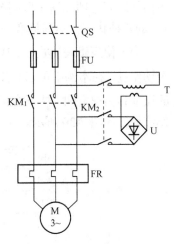

图 7-28　能耗制动的主电路

延时 Δt 后，电动机 M 停转，这时让能耗制动接触器 KM$_2$ 和时间继电器 KT 释放，断开能耗制动电路。电器工作流程图如图 7-29 所示。

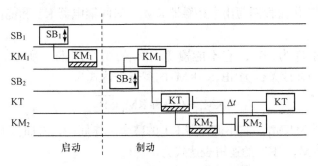

图 7-29　能耗制动的电器工作流程图

然后根据电器工作流程图写主接触器 KM$_1$、时间继电器 KT 和能耗制动接触器 KM$_2$ 的逻辑表达式。因为启动按钮作为启动条件时显然不能覆盖相应电器的整个工作周期，所以，以启动按钮作为启动条件的电器必须加自锁，这一点可以在写基本逻辑时直接实现。初步得到的逻辑表达式为

$$\text{KM}_1 = (\text{SB}_1 + \text{KM}_1)\overline{\text{SB}_2} \tag{7-26}$$

$$\text{KT} = \overline{\overline{\text{KM}_1\overline{\text{KM}_2}}} = \overline{\text{KM}_1}\text{KM}_2 \tag{7-27}$$

$$\text{KM}_2 = \text{KT}\overline{\text{KT}} \text{ } \tag{7-28}$$

逻辑表达式(7-26)、式(7-28)互相含有对方的常开触点，这使得线圈 KT 的通电以触点 KM$_2$ 的闭合，即线圈 KM$_2$ 的通电为前提。同理，线圈 KM$_2$ 的通电以线圈 KT 的通电为前提。这样，线圈 KT 和线圈 KM$_2$ 都不能通电，出现了矛盾逻辑。

　　时间继电器 KT 的启动条件为 $\overline{KM_1}$，在电器工作流程图中是白框，即接触器 KM_1 的白框作为时间继电器 KT 的启动条件，对应着 KT 的黑框。而在 KM_1 的黑框之前为所有电器的白框区间，即在这个区间 KM_1 的白框对应着 KT 的白框。这样，启动条件 $\overline{KM_1}$ 对应着 KT 的两种状态，不满足唯一性条件。

　　为了使逻辑表达式(7-27)中的启动条件 $\overline{KM_1}$ 满足唯一性，需用一个电器来区分 $\overline{KM_1}$ 是否动作过。在本例中可以利用 KT，而不必增加电器。具体做法是，把 KT 的黑框移至 $\overline{KM_1}$ 的黑框和白框之间，使复合逻辑 $KT\overline{KM_1}$ 作为启动条件，就满足了唯一性。改进后的电器工作流程，如图 7-30 所示。

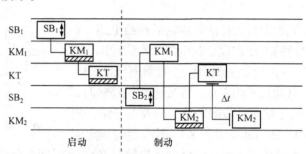

图 7-30　改进后的能耗制动电器工作流程图

　　下面根据电器工作流程图写出主接触器 KM_1、时间继电器 KT 和能耗制动接触器 KM_2 的逻辑表达式。

　　KM_1 的启动条件为 SB_1，它不能覆盖 KM_1 的整个周期，所以，要加自锁，改为 SB_1+KM_1。KM_1 的释放条件为 SB_2。KM_1 的逻辑表达式为

$$KM_1 = (SB_1 + KM_1)\overline{SB_2} \tag{7-29}$$

　　KT 的启动条件为 KM_1，它不能覆盖 KT 的整个工作周期，需加自锁，改为 KM_1+KT。KT 的释放条件为 KM_2。KT 的逻辑表达式为

$$KT = (KM_1 + KT)\overline{KM_2} \tag{7-30}$$

　　KM_2 的启动条件为 $\overline{KM_1}$，$\overline{KM_1}$ 对应着 KM_2 的两种状态，是不唯一的，所以，要在 KM_1 的白框之前、黑框之后找一个电器条件 KT 与之复合，启动条件改为 $\overline{KM_1}KT$，这时，KT 不能覆盖 KM_2 的全部工作周期，需加自锁，启动条件进一步改为 $\overline{KM_1}KT+KM_2$。KM_2 的释放条件为 $\overline{KT}\Downarrow$，根据释放条件中延时触点求反的规则，$\overline{KT}\Downarrow \Leftrightarrow KT\Uparrow$。$KM_2$ 的逻辑表达式为

$$KM_2 = (\overline{KM_1}KT + KM_2)KT\Uparrow \tag{7-31}$$

　　根据逻辑表达式(7-29)～式(7-31)画出的控制电路，如图 7-31 所示。

　　在图 7-31 中，增加了一些次要逻辑。主接触器 KM_1 工作时间长，需加热保护，在其线路中串入热继电器 FR 的常闭触点。主接触器 KM_1 和能耗制动接触器 KM_2 不允许同时工作，需加互锁，KM_2 的线路中已有互锁功能，只需在 KM_1 的线路中串入 KM_2 的常闭触点，这

样就构成了接触器互锁。为了构成按钮互锁，在KM_2的线路中串入SB_1的常闭触点。

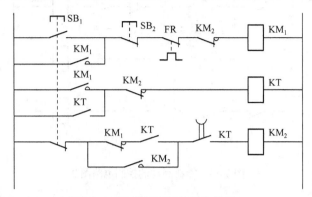

图 7-31 能耗制动的控制电路图 1

能耗制动的控制电路图经改进后，对应的逻辑表达式为

$$KM_1 = (SB_1 + KM_1)\overline{SB_2}\ \overline{FR}\ \overline{KM_2} \tag{7-32}$$

$$KT = (KM_1 + KT)\overline{KM_2} \tag{7-33}$$

$$KM_2 = \overline{SB_1}(\overline{KM_1}KT + KM_2)KT \hspace{-0.3em}\Upsilon \tag{7-34}$$

下面再介绍一种能耗制动的方案，其电器工作流程图如图 7-32 所示。

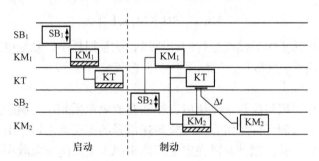

图 7-32 能耗制动的另一种电器工作流程图

根据图 7-32 写出 KM_1、KT 和 KM_2 的逻辑表达式

$$KM_1 = (SB_1 + KM_1)\overline{SB_2} \tag{7-35}$$

$$KT = KM_1 \tag{7-36}$$

$$KM_2 = \overline{KM_1}KT\hspace{-0.3em}\Upsilon\ \overline{\overline{KT}\hspace{-0.3em}\Downarrow} = \overline{KM_1}KT\hspace{-0.3em}\Upsilon \tag{7-37}$$

在这种能耗制动的方案中，KT 的逻辑表达式达到 $KM_2 = KT\overline{KT}\hspace{-0.3em}\Downarrow$ 的最简形式。KM_2 的启动条件 $\overline{KM_1}$ 不唯一，需复合电器条件 KT，KT 与 $KT\hspace{-0.3em}\Upsilon$ 是等价的，为了化简，把 KT 改为 $KT\hspace{-0.3em}\Upsilon$。$KM_2$ 的释放条件 $\overline{KT}\hspace{-0.3em}\Downarrow$ 求反后等价于 $KT\hspace{-0.3em}\Upsilon$。经化简，$KM_2$ 的逻辑表达式为式(7-37)。

根据逻辑表达式(7-35)~式(7-37)画出的控制电路图如图 7-33 所示。

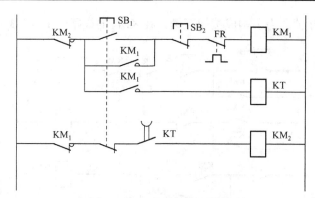

图 7-33　能耗制动的控制电路图 2

在图 7-33 中，KM_1 的线路中增加了热继电器 FR 的常闭触点和能耗制动接触器 KM_2 的常闭触点，以构成热保护和接触器互锁。KT 的线路中增加了能耗制动接触器 KM_2 的常闭触点。在控制电路图中两个能耗制动接触器的常闭触点可共用一个，这样可以节省一个常闭触点。在 KM_2 的线路中增加了启动按钮 SB_1 的常闭触点以构成按钮互锁。

图 7-33 对应的逻辑表达式为

$$KM_1 = \overline{KM_2}(SB_1 + KM_1)\overline{SB_2}\,\overline{FR} \tag{7-38}$$

$$KT = \overline{KM_2}KM_1 \tag{7-39}$$

$$KM_2 = \overline{SB_1\,\overline{KM_1}}\,KT \curlyvee \tag{7-40}$$

能耗制动是利用转子中的储能进行的，所以，能量损耗小，制动电流小，制动准确，但需要整流电源，制动速度较慢，适用于要求平稳制动的场合。

2) 反接制动

反接制动的工作原理与反转线路相似，制动时使电源反相序，制动到接近零速时，电动机电源自动切除。检测元件采用直接反映转速信号的速度继电器。由于反接制动电流较大，当电动机容量较大时，制动时需在定子回路中串入电阻降压以减小制动电流；当电动机容量不大时，可以不串制动电阻以简化线路。这时，可以考虑选用比正常使用大一号的接触器，以适应较大的制动电流。

速度继电器主要用于鼠笼型异步电动机的反接制动控制，也称反接制动继电器。感应式速度继电器是依靠电磁感应原理实现触点动作的，因此，它的电磁系统与一般电磁式电器的电磁系统是不同的，而与交流电动机的电磁系统相似，即由定子和转子组成其电磁系统。感应式速度继电器在结构上主要由定子、转子和触点三部分组成，如图 7-34 所示。转子由永久磁铁制成，定子的结构与笼型电动机的转子相似，是由硅钢片叠制而成，并装有绕组。继电器轴 2 与电动机轴相连接，当电动机转动时，继电器的转子 1 随着一起转动，这样，永久磁铁的静止磁场就成了旋转磁场。转子固定在继电器轴上，定子与继电器轴同心。当定子 3 内的绕组 4 因切割磁场而感生电势和产生电流时，电流与旋转磁场相互作用产成电磁转矩，于是，定子跟着转子相应偏转。转子转速越高，绕组内产生的电流越大，电磁转矩也就越大。当定子偏转到一定角度时，在定子柄 5 的作用下使常闭触点打开而常开触点闭合。当电动机转速下降时，继电器的转子转速也随之下降，绕组内产生的电流也相应地减少，因此，使电磁转矩也相应地减小。当继电器转子的速度下降到接近零时，电磁转矩减小，定子柄在弹簧力的作用下返回到原来位置，使对应的触点恢复到原来状态。

反接制动的主电路如图 7-35 所示，由隔离开关 QS、熔断器 FU、线路接触器 KM_1、反接制动接触器 KM_2、限流电阻 R、热继电器 FR、电动机 M 和速度继电器 KV 组成。

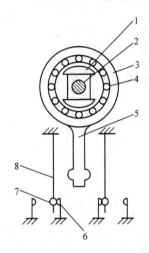

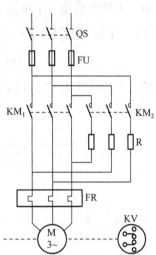

图 7-34　速度继电器结构原理图
1-转子；2-继电器轴；3-定子；4-绕组；
5-定子柄；6-静触点；7-动触点；8-簧片

图 7-35　反接制动的主电路

反接制动的工作过程如下：按启动按钮 SB_1，线路接触器 KM_1 动作，接通主电路，电动机开始工作，速度继电器 KV 动作。制动时，按下停止按钮 SB_2，使线路接触器 KM_1 释放，断开主电路，反接制动接触器 KM_2 动作，使电动机转速下降，当转速接近零时，速度继电器 KV 释放，反接制动接触器 KM_2 释放。根据上述工作过程绘制的电器工作流程图如图 7-36 所示。

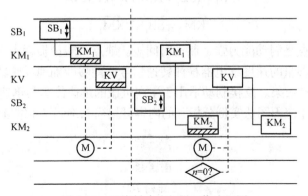

图 7-36　反接制动的电器工作流程图

根据电器工作流程图写线路接触器 KM_1 和反接制动接触器 KM_2 的逻辑表达式。

KM$_1$ 的启动条件为 SB$_1$ ，它不能覆盖 KM$_1$ 的整个工作周期，所以，要加自锁，改为 SB$_1$+KM$_1$ 。KM$_1$ 的释放条件为 SB$_2$ 。KM$_1$ 的逻辑表达式为

$$KM_1 = (SB_1 + KM_1)\overline{SB_2} \tag{7-41}$$

KM$_2$ 的启动条件为 $\overline{KM_1}$ ，$\overline{KM_1}$ 对应着 KM$_2$ 的两种状态，是不唯一的，所以，要在 KM$_1$ 的白框之前、黑框之后找一个电器条件 KV 与之复合，启动条件改为 $\overline{KM_1}KV$ 。KM$_2$ 的释放条件为 $\overline{KV}$ 。KM$_2$ 的逻辑表达式为

$$KM_2 = \overline{\overline{KM_1}KV\overline{KV}} = \overline{KM_1}KV \tag{7-42}$$

根据逻辑表达式(7-41)、式(7-42)画出的控制电路，如图 7-37 所示。

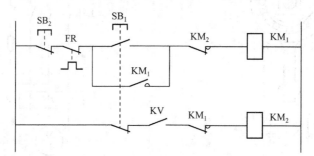

图 7-37　反接制动的控制电路图

在图 7-37 中，增加了一些次要逻辑。线路接触器 KM$_1$ 工作时间长，需加热保护，在其线路中串入热继电器 FR 的常闭触点。线路接触器 KM$_1$ 和反接制动接触器 KM$_2$ 不允许同时工作，需加互锁，KM$_2$ 的线路中已有 KM$_1$ 的常闭触点，只需在 KM$_1$ 的线路中串入 KM$_2$ 的常闭触点，这样就构成了接触器互锁。为了构成按钮互锁，在反接制动接触器 KM$_2$ 的线路中串入启动按钮 SB$_1$ 的常闭触点。

反接制动的控制电路图经改进后，对应的逻辑表达式为

$$KM_1 = (SB_1 + KM_1)\overline{SB_2}\,\overline{FR}\,\overline{KM_2} \tag{7-43}$$

$$KM_2 = \overline{SB_1}KV\overline{KM_1} \tag{7-44}$$

反接制动的优点是制动能力强、制动时间短。缺点是能量损耗大、制动准确度差。但采用以转速为变化参量的速度继电器检测转速信号，能够准确地反映转速，不受外界因素干扰，有很好的制动效果。反接制动适用于生产机械的迅速停车与迅速反向。

有关"电器工作流程图法实例分析"的内容可扫描二维码 7-3 继续学习。

二维码 7-3

参 考 文 献

曹云东, 刘晓明, 刘福贵, 2012. 电器学原理[M]. 北京: 机械工业出版社.

程周, 2000. 电机与电气控制实验及课程设计[M]. 北京: 中国轻工业出版社.

程周, 2004. 电气控制技术与应用[M]. 福州: 福建科学技术出版社.

方大千, 2004. 实用高低压电器维修技术[M]. 北京: 人民邮电出版社.

付家才, 2004. 电气控制实验与实践[M]. 北京: 高等教育出版社.

付家才, 卢文生, 吴延华, 2004. 电气控制工程实践技术[M]. 北京: 化学工业出版社.

顾德英, 罗长杰, 2006. 现代电气控制技术[M]. 北京: 北京邮电大学出版社.

郭凤仪, 王智勇, 2019. 电器基础理论[M]. 北京: 机械工业出版社.

贺湘琰, 李靖, 2011. 电器学[M]. 3 版. 北京: 机械工业出版社.

李仁, 1999. 电器控制[M]. 北京: 机械工业出版社.

李英姿, 2009. 低压电器应用技术[M]. 北京: 机械工业出版社.

林莘, 2011. 现代高压电器技术[M]. 2 版. 北京: 机械工业出版社.

陆俭国, 何瑞华, 陈德桂, 等, 2009. 中国电气工程大典: 第 11 卷 配电工程[M]. 北京: 中国电力出版社.

马昭胜, 李莅娜, 刘光银, 等, 2020. 船舶电气设备维护与修理[M]. 北京: 机械工业出版社.

倪远平, 2003. 现代低压电器及其控制技术[M]. 重庆: 重庆大学出版社.

苏保明, 2008. 低压电器选用手册[M]. 北京: 机械工业出版社.

孙鹏, 马少华, 2012. 电器学[M]. 北京: 科学出版社.

佟为明, 翟国富, 2003. 低压电器继电器及其控制系统[M]. 2 版. 哈尔滨: 哈尔滨工业大学出版社.

王仁祥, 2009. 常用低压电器原理及其控制技术[M]. 2 版. 北京: 机械工业出版社.

吴志良, 林叶春, 孙旭清, 2012. 船舶电气[M]. 大连: 大连海事大学出版社.

夏天伟, 丁明道, 1999. 电器学[M]. 北京: 机械工业出版社.

许志红, 2019. 电器理论基础[M]. 北京: 机械工业出版社.

闫和平, 2006. 常用低压电器与电气控制技术问答[M]. 北京: 机械工业出版社.

尹天文, 2014. 低压电器技术手册[M]. 北京: 机械工业出版社.

张文义, 佟为明, 1999. 电器工作流程图法: 一种新的电器控制线路设计方法[J]. 低压电器, (4): 43-45.

张文义, 王大伟, 王荣豫, 2013. 电器控制线路设计方法的比较研究[J]. 低压电器. (12): 39-42.

张文义, 王新芝, 蒋燎, 2010. 基于电器工作流程图法的重载可逆运行电路的设计[J]. 低压电器, (8): 9-12.

张文义, 赵志衡, 张荣岭, 等, 2002. 电器工作流程图法在控制电路设计中的应用[J]. 低压电器, (3): 40-42.

周志敏, 周纪海, 纪爱华, 2004a. 低压电器实用技术问答[M]. 北京: 电子工业出版社.

周志敏, 周纪海, 纪爱华, 2004b. 高压电器实用技术问答[M]. 北京: 电子工业出版社.

附　　录

附录 1　电器常用图形符号

名称	图形符号	名称	图形符号	名称	图形符号
三相鼠笼型电动机	M 3~	热继电器驱动部件		延时闭合动合触点	
三相鼠笼型电动机	M 3~	按钮开关动合触点		延时断开动合触点	
串励直流电动机	M	按钮开关动断触点		延时闭合动断触点	
并励直流电动机	M	接触器动合触头		延时断开动断触点	
换向绕组补偿绕组		接触器动断触头		三极刀开关	
串励绕组		继电器动合触点		隔离开关	
并励绕组他励绕组		继电器动断触点		断路器开关	
接触器继电器线圈		热继电器触点		熔断器	
缓吸继电器线圈		行程开关动合触点		转换触点	
缓释继电器线圈		行程开关动断触点		桥接触点	

附录2　电器常用基本文字符号

元器件种类	元器件名称	基本文字符号		元器件种类	元器件名称	基本文字符号	
		单字母	双字母			单字母	双字母
变换器	测速发电机	B	BR	电抗器		L	
电容器		C		电动机		M	
保护器件	熔断器	F	FU	控制电路开关器件	控制开关	S	SA
	过流继电器		FA		按扭开关		SB
	过压继电器		FV		限位开关		SQ
	热继电器		FR	电阻器	电位器	R	RP
发电机	同步发电机	G	GS		压敏电阻		RV
	异步发电机		GA	变压器	电流互感器	T	TA
信号器件	指示灯	H	HL		电压互感器		TV
接触器继电器	接触器	K	KM		控制变压器		TC
	时间继电器		KT		电力变压器		TM
	中间继电器		KA	电子管晶体管	二极管	V	
	速度继电器		KV		晶体管		
	电压继电器		KV		晶闸管		
	电流继电器		KA		电子管		VE
电力电路开关器件	断路器	Q	QF	操作器件	电磁铁	Y	YA
	保护开关		QM		电磁制动器		YB
	隔离开关		QS		电磁阀		YU

附录3　电器常用辅助文字符号

名称	文字符号	名称	文字符号	名称	文字符号
电流	A	上	U	中	M
电压	V	下	D	额定	RT
直流	DC	控制	C	负载	LD
交流	AC	反馈	FD	转矩	T
速度	V	励磁	E	测速	BR
启动	ST	平均	ME	升	H
制动	B	附加	ADD	降	F

名称	文字符号	名称	文字符号	名称	文字符号
向前	FW	导线	W	大	L
向后	BW	保护	P	小	S
高	H	输入	IN	补偿	CO
低	L	输出	OUT	稳定	SD
正	F	运行	RUN	等效	EQ
反	R	闭合	ON	比较	CP
时间	T	断开	OFF	电枢	A
自动	A	加速	ACC	动态	DY
手动	M	减速	DEC	中线	N
吸合	D	左	L	分流器	DA
释放	L	右	R	稳压器	VS
并励	E	串励	D		

附录 4　解析法气隙磁导计算公式

No.	磁极形状	气隙磁导计算公式
1		$$\Lambda_\delta = \mu_0 \frac{b}{\varphi} \ln \frac{R_2}{R_1}$$
2		$$\Lambda_\delta = \mu_0 \frac{\pi d}{2\delta\cos\alpha}\left(\delta\sin\alpha - \frac{d}{2\cos\alpha}\right)$$

No.	磁极形状	气隙磁导计算公式
3		$\Lambda_\delta = \mu_0 d\left\{\dfrac{\pi d}{4\delta\sin^2\alpha} - \dfrac{0.157}{\sin^2\alpha} - \dfrac{1.97}{\sin\alpha}\times(1-\eta)\right.$ $\left.\left[\dfrac{0.6-\eta}{\ln\left(1+\dfrac{\delta}{d}\sin2\alpha\right)} + \dfrac{1+\eta}{\ln\left(1+\dfrac{5\delta}{d}\sin\alpha\right)}\right] + 0.75\right\}$ 式中 $\eta = \begin{cases} \dfrac{h}{H} + 0.29\tan\left(1-\dfrac{h}{H}\right) & \text{当}\dfrac{\delta}{d} < \dfrac{h}{H\sin2\alpha}\text{时} \\[3mm] \dfrac{\delta\sin2\alpha}{d} & \text{当}\dfrac{\delta}{d} > \dfrac{h}{H\sin2\alpha}\text{时} \\[3mm] 1 & \text{当}\dfrac{\delta}{d} > \dfrac{1}{2\tan\alpha}\text{时} \end{cases}$
4		$\Lambda_\delta = \mu_0\dfrac{b}{\varphi}\ln\left(1+\dfrac{a}{R}\right)$
5		$\Lambda_\delta = \mu_0\dfrac{2\pi R}{\varphi}\left(1-\sqrt{1-\dfrac{r^2}{R^2}}\right)$
6		$\Lambda_\delta = \mu_0\dfrac{2\pi l}{\ln(u+\sqrt{u^2+1})}$ 式中 $u = \dfrac{a^2 - r_1^2 - r_2^2}{2r_1 r_2}$

No.	磁极形状		气隙磁导计算公式
7		式中	$$\Lambda_\delta = \mu_0 \frac{2\pi l}{\ln(u+\sqrt{u^2-1})}$$ $$u = \frac{2a}{r}$$
8		式中	$$\Lambda_\delta = \mu_0 \frac{2\pi l}{\ln(u+\sqrt{u^2-1})}$$ $$u = \frac{r_1^2 + r_2^2 - a^2}{2r_1 r_2}$$
9			$$\Lambda_\delta = 2\mu_0 \left(\frac{b}{c} + \frac{a}{c+\frac{\pi a}{4}} \right) l$$
10			$$\Lambda_\delta = \mu_0 \left(\frac{b}{c} + \frac{2a}{c+\frac{\pi a}{2}} \right) l$$

附录5　磁场分割法气隙磁导计算公式

No.	磁通管形状	名称	气隙磁导计算公式
1		半圆柱体	$\Lambda_1 = 0.264\mu_0 a$
2		$\dfrac{1}{4}$ 圆柱体	$\Lambda_2 = 0.528\mu_0 a$
3		半圆筒	$\Lambda_3 = \mu_0 \dfrac{2a}{\pi} \dfrac{1}{\dfrac{\delta}{m}+1}$ 当 $\delta < 3m$ 时， $\Lambda_3 = \mu_0 \dfrac{a}{\pi}\ln\left(1+\dfrac{2m}{\delta}\right)$
4		$\dfrac{1}{4}$ 圆筒	$\Lambda_4 = \mu_0 \dfrac{2a}{\pi} \dfrac{1}{\dfrac{\delta}{m}+\dfrac{1}{2}}$ 当 $\delta < 3m$ 时， $\Lambda_4 = \mu_0 \dfrac{2a}{\pi}\ln\left(1+\dfrac{m}{\delta}\right)$

No.	磁通管形状	名称	气隙磁导计算公式
5		$\frac{1}{4}$ 球体	$\Lambda_5 = 0.077\mu_0\delta$
6		$\frac{1}{8}$ 球体	$\Lambda_6 = 0.308\mu_0\delta$
7		$\frac{1}{4}$ 球壳	$\Lambda_7 = 0.25\mu_0 m$
8		$\frac{1}{8}$ 球壳	$\Lambda_8 = 0.5\mu_0 m$

No.	磁通管形状	名称	气隙磁导计算公式
9		半圆旋转体	$\Lambda_9 = 0.83\mu_0\left(d+\dfrac{\delta}{2}\right)$
10		$\dfrac{1}{4}$ 圆旋转体	$\Lambda_{10} = 1.63\mu_0(d+\delta)$
11		半圆环旋转体	$\Lambda_{11} = \mu_0\dfrac{2(d+\delta)}{\dfrac{\delta}{m}+1}$ 当 $\delta < 3m$ 时， $\Lambda_{11} = \mu_0(d+\delta)\ln\left(1+\dfrac{2m}{\delta}\right)$
12		$\dfrac{1}{4}$ 圆环旋转体	$\Lambda_{12} = \mu_0\dfrac{4(d+2\delta)}{\dfrac{2\delta}{m}+1}$ 当 $\delta < 3m$ 时， $\Lambda_{12} = 2\mu_0(d+2\delta)\ln\left(1+\dfrac{m}{\delta}\right)$
13		半圆锥体	$\Lambda_{13} = 0.35\mu_0 a$

No.	磁通管形状	名称	气隙磁导计算公式
14		半截头圆锥体	$\Lambda_{14} = 0.35\mu_0 \dfrac{\delta^2 a - \delta_1^2 a_1}{(\delta + \delta_1)^2}$
15		均匀壁厚半截头中空圆锥体	$\Lambda_{15} = \mu_0 \dfrac{2a}{\pi\left(\dfrac{\delta + \delta_1}{2m} + 1\right)}$
16		部分圆环	单位长度的磁导 $\lambda = \dfrac{\mu_0}{\varphi} \ln \dfrac{R_2}{R_1}$
17		半弓形	单位长度的磁导 $\lambda = 1.335\mu_0 \dfrac{R_2 - R_1}{h + R_2\varphi}$
18		半月形	单位长度的磁导 $\lambda = 1.335\mu_0 \dfrac{R_2 + \Delta - R_1}{\varphi_1 R_1 + \varphi_2 R_2}$

附录6　常用电器术语中英文对照表

八小时工作制	8-hour duty	分断能力	breaking capacity
不间断工作制	uninterrupted duty	分间弹簧	trip spring
操作机构	operating mechanism	分闸脱扣器	tripping releaser
储能弹簧	chargeable spring	辅助触头	auxiliary contact
触头超行程	contact over-travel	辅助开关	auxiliary switch
触头初压力	contact initial pressure	复位机构	resetting device
触头弹簧	contact spring	隔离开关	disconnector
触头开距	clearance between open contacts	工作气隙	working air gap
		行程开关	travel switch
触头振动/弹跳	contact bounce	合闸线圈	close coil
触头终压力	contact terminate pressure	弧触头	arcing contact
磁扼	magnet yoke	弧柱	arc column
刀开关	knife switch	恢复电压	recovery voltage
等离子体	plasma	机械寿命	mechanical durability
电(气)寿命	electrical durability	继电器	relay
电磁阀	electromagnetic valve	接触电阻	contact resistance
电磁铁	electronic-magnet	接触器	contactor
电磁吸力	electromagnetic force	接触压力	contact force
电磁系统	electromagnetic system	接通能力	making capacity
电动力	electrodynamic force	介质恢复强度	dielectric recovery strength
电动稳定性	electric stability		
电弧电压峰值	peak arc voltage	静触头	fixed contact
电弧电压峰值	peak arc voltage	静态特性	static characteristic
电弧放电	arc discharge	静铁心	static iron-core
电弧间隙	arc gap	励磁线圈	magnetic exciting coil
电接触	electric contact	零电流分断	zero current breaking
动触头	moving contact	灭弧介质	arc-extinguishing medium
动态特性	dynamic characteristic	灭弧室	arc extinguish chamber
动铁心	moving iron-core	膜电阻	membrane resistance
短时工作制	short-time duty	欠励脱扣器	under-voltage releaser
断路器	circuit breaker	燃弧时间	arcing time
反复短时工作制	intermittent periodic duty	燃弧时间	arcing time
反力特性	counterforce characteristics	热稳定性	thermostability
非工作气隙	no-working air gap	熔断器	fuse
分磁环	divide magnetic ring	熔管	cartridge

熔焊	fusion welding	误动作	misoperation
熔件	fuse-element	吸力特性	attraction characteristic
释放线圈	releasing coil	衔铁	armature
收缩电阻	contraction resistance	永久磁铁	permanent magnet
瞬态恢复电压	transient recovery voltage	重燃	re-ignition
通断时间	make-break time	主触头	main contact
脱扣机构	tripping device	自动重合闸	auto-reclosing
脱扣线圈	trip coil	自锁	autolocking

附录 7　与电器有关的学术组织、学术会议及期刊

1. 与电器有关的主要国际学术组织

1) IEEE

中文名称: 电气电子工程师学会。

简介: 电气电子工程师学会(Institute of Electrical and Electronics Engineers, IEEE)于 1963 年由美国电气工程师学会(American Institute of Electrical Engineers, AIEE, 1894 年成立)和无线电工程师学会(Institute of Radio Engineers, IRE, 1912 年成立)合并而成, 其运行中心等主要机构设在美国。

网址: http://www.ieee.org

期刊: Proceedings of IEEE(IEEE 学报)。

按照具体的专业领域, IEEE 又有许多专业学会, 其中与电器关系较为密切的专业学会如下。

(1) IAS。

中文名称: 工业应用学会。

简介: IEEE 工业应用学会(Industry Applications Society)的专业领域是电气与电子设备、装置、系统和控制的设计、研发、制造及其在各种工业和商业领域的应用。含有制造系统开发与应用、制造与加工工业、工业与商用电力系统、工业电能变换系统四个学术分部。

网址: http://www.ewh.ieee. org/soc/ias

期刊: ① IEEE Transactions on Industry Applications (IEEE 工业应用学报), 双月刊;

② IEEE Industry Applications Magazine (IEEE 工业应用杂志), 双月刊。

学术会议: IEEE Industry Applications Society Annual Meeting(IEEE 工业应用学会年会)。

(2) IES。

中文名称: 工业电子学会。

简介: IEEE 工业电子学会(Industrial Electronics Society)的专业范围包括应用电气和电子科学以提升工业和制造过程的各个学术领域, 包括智能及计算机控制系统、机器人、工厂通信及自动化、柔性制造、数据采集及信号处理、视觉系统以及电力电子技术。

网址：http://www.ieee-ies.org

期刊：IEEE Transactions on Industrial Electronics(IEEE 工业电子学报)，月刊。

学术会议：Annual Conference of IEEE Industry Electronics Society——IECON(IEEE 工业电子学会年会)。

2) IET

中文名称：工程与技术学会。

简介：工程与技术学会(Institution of Engineering and Technology, IET)于 2006 年由总部设在英国的电气工程师学会(Institution of Electrical Engineers, IEE，1871 年成立)和协同工程师学会(Institution of Incorporated Engineers-IIE，1948 年成立)合并而成。其总部仍设在英国。

网址：http://www.Theiet.org

2. 与电器有关的国内主要学术组织

1) 中国电工技术学会

英文名称：China Electrotechnical Society, CES。

简介：中国电工技术学会成立于 1981 年，是以电气工程师为主体的电工科学技术工作者和电气领域中从事科研、设计、制造、应用、教学和管理等工作的单位、团体自愿组成并依法登记的社会团体法人，是全国性的非营利性社会团体，是中国科学技术协会的组成部分，总部设在北京。其涵盖的专业领域包括电工理论的研究与应用，电工新技术的研究与开发，电工装备与电器产品的设计、制造、测试技术，电工材料与工艺，电工技术与电气产品在电力、冶金、化工、石油、交通、矿山、建筑、水工业、轻纺等系统及其他领域中的应用。学会中与电力电子技术有关的分会有：电力电子学会、电控装置与系统专业委员会。

网址：http://www.ces.org.cn

期刊：电工技术学报(Transactions of China Electrotechnical Society)，月刊。刊载电工技术领域内电机、电器、电力电子、计算机应用、自动控制等方面的理论探讨、科研成果，也报道学会的学术活动。

2) 中国电机工程学会

英文名称：Chinese Society for Electrical Engineering, CSEE。

简介：中国电机工程学会成立于 1934 年，是全国电机工程科学技术工作者自愿组成并依法登记成立的非营利性的学术性法人社会团体，是中国科学技术协会的组成部分，总部设在北京。中国电机工程学会的专业范围主要涉及电力工业生产建设、电工制造、高电压技术、系统稳定控制、电网调度、继电保护、远动通信、供用电、电磁场、电机、电器、火力发电、汽轮机、水轮机、锅炉及自动化等领域。学会下设多个分会、专业委员会等机构。

网址：http://www.csee.org.cn

期刊：中国电机工程学报(Proceedings of the Chinese Society for Electrical Engineering)，中文核心期刊，半月刊，创刊于 1964 年。报道我国电机工程的先进技术和科研成果。包括电力工业生产建设、电工制造、高电压技术、系统稳定控制、电网调度、继电保护、远动通信、供用电、电磁场、电机、电器、火力发电、汽轮机、水轮机、锅炉及自动化等方面的规划、设计、施工、运行实践和科学研究筹。

3. 其他有关期刊

1) 电器与能效管理技术

英文名称：Electrical & Energy Management Technology。

简介：主要刊载电器和能效管理技术方面的科学研究和应用技术论文，设有智能电器、配电自动化、能源管理、分布式电源及并网技术、微电网技术、储能技术、电动汽车充电桩技术等栏目。刊物创刊于 1959 年(原名《低压电器》，2014 年改为现名)，半月刊。

2) 高压电器

英文名称：High Voltage Apparatus。

简介：主要刊载高压电器方面的科学研究和应用技术文章。设有研究与分析、设计技术、技术 讨论、综述、技术交流等栏目。刊物创刊于 1958 年，月刊。

附录 8　数字化资源

1. 习题题库

电器的发热与电动力理论

电器的电接触与电弧理论

电器的电磁机构理论

低压电器

高压电器

电器控制线路

2. 电器工作动画

按钮开关

滚轮式行程开关

时间继电器

热继电器

交流接触器

三相闸刀

3. 电器控制动画

异步电动机转动原理

手动控制

正反转控制

星三角启动

自动往返控制

PLC 顺序控制